国家社会科学基金项目（批准号14XZX020）

藏区生态文明建设中的伦理问题研究

丹 曲◎著

中国社会科学出版社

图书在版编目（CIP）数据

藏区生态文明建设中的伦理问题研究/丹曲著 . —北京：中国社会
科学出版社，2019.9

ISBN 978 - 7 - 5203 - 5378 - 6

Ⅰ.①藏…　Ⅱ.①丹…　Ⅲ.①生态环境建设—研究—西藏
②生态伦理学—研究—西藏　Ⅳ.①X321.275②B82 - 058

中国版本图书馆 CIP 数据核字（2019）第 229377 号

出 版 人	赵剑英	
责任编辑	郭　鹏	
责任校对	刘　俊	
责任印制	李寡寡	

出　　版	中国社会科学出版社	
社　　址	北京鼓楼西大街甲 158 号	
邮　　编	100720	
网　　址	http://www.csspw.cn	
发 行 部	010 - 84083685	
门 市 部	010 - 84029450	
经　　销	新华书店及其他书店	

印　　刷	北京明恒达印务有限公司	
装　　订	廊坊市广阳区广增装订厂	
版　　次	2019 年 9 月第 1 版	
印　　次	2019 年 9 月第 1 次印刷	

开　　本	710 × 1000　1/16	
印　　张	15	
插　　页	2	
字　　数	220 千字	
定　　价	75.00 元	

内容提要

　　本书紧扣藏区生态文明建设中的生态伦理这一主题，通过对藏文文献的发掘、整理，结合田野考察资料研究，阐述了藏族同胞在青藏高原这一特殊的自然环境中，勤劳勇敢，发挥聪明智慧，创造出灿烂的藏族文化（其中也包含丰富的生态伦理观念）。在漫长的社会发展过程中，为了适应自然环境，藏族同胞努力与大自然和谐相处，保护生态，保护家园，从未中断过对宇宙天体、自然万物的探索和追求；藏族同胞认为自然界的万物都有生命，并建立了强大的生命体系，由此产生了灵魂和寄魂观念；藏族同胞认为宇宙天体、人间和地下都由诸神控制，产生了天上的"天神"、地上的"念神""赞神"和地下的"水神"（龙神）观念，建立了完整的人格化体系。这体现于藏族同胞从古至今崇尚自然、崇尚祖先、崇尚英雄的文化现象，形成了藏族同胞的生态伦理观念体系。这种文化现象与中华各民族乃至亚洲各民族的文化现象一脉相承。同时，这种文化现象也进一步梳理了自古以来生活在青藏高原的藏族同胞崇尚自然，与大自然和谐相处的光辉历程。随着苯教的产生、佛教的传入和传播，藏族同胞的生态伦理观念也进一步得到了理论的升华，使内容更加丰富化和系统化。生态文化在高原特殊地域中的成功实践，说明了藏族同胞的部落文化、宗教文化、生态文化有着密切关联，从而也折射出了古代高原的社会秩序和社会形态的民族志特征。

　　本书通过对自然界山水文化的审美特征研究，揭示了藏族同胞崇尚自然、与大自然和谐相处的重要原因。总结了藏族同胞对生命体系的建构和对生命的敬畏，从而诠释了藏族同胞在青藏高原特殊的生存条件下，适应自然环境，顺从自然规律的光辉历程。这种生态伦理观认为：遵循自然规律会使人们六畜兴旺，违背自然规律会付出沉重的代价，从而使人们认识到，只有遵循客观规律才能实现人与自然的和谐；只有尊重生命的价值，才能实现众生相濡以沫的生存目的。由此勾画出了创建美好精神家园的重要性。藏族同胞生态伦理观念强调，众生都是平等的，人们应"爱物厚生"、慈悲为怀、"天人合一"。这就共同构筑了藏族同胞的生态伦理思想，对保护青藏高原生态环境发挥了重要作用，也对构建藏族同胞的现代生态伦理学有着重要启示。与此同时，这种生态伦理观也诠释了人与自然万物同源、人与自然和谐相处、人与自然共荣共生的意义以及构建和谐社会的重要意义。

　　本书通过对黄河源头的青海玛多和甘肃甘南两个藏区的田野考察，阐明了青藏高原的生态日趋恶化的严重性。本书还以青海玛多和甘肃甘南两个藏区生态环境的恶化和恢复为个案，探索了藏族同胞的生态伦理观念对保护青藏高原自然环境所发挥的作用和生态文明建设的重要性。本书也提出了治理环境污染，保护生态环境的对策性建议：在世界经济迅速发展的大背景下，面对着环境日益恶化，当务之急是必须遵循生态文明建设的大政方针，建立生态环境保护的决策机制；要尊重藏族同胞传统的生态伦理价值，保护藏族文化的语境，提高全社会生态环境保护意识；要把生态保护纳入法制建设轨道，坚持走绿色生态可持续发展的道路；要积极开展国际环境合作与交流，建立遵循循环经济理念的生态经济体系。

　　藏族同胞创造了独具特色的生态文化，形成了人与自然共生、和谐相处的良性互动关系，这为青藏高原的生态环境保护和可持续发展提供了珍贵的资源。在当前构建和谐社会和建设生态文明的过程中，应该珍惜这笔宝贵的财富，利用好这些重要资源，将青藏高原建设成为可持续发展的示范区。

　　自改革开放以来，随着工业化进程的飞速发展，我国民族地区经济不断发展，生态环境也随之不断变化，局部地区出现恶化甚至达到了令人触目惊心的地步。在建设生态文明的过程中，青藏高原占据十分重要的地位。可以说，没有青藏高原的生态文明，就没有全国的生态文明，也没有全国的可持续发展。为此，建设生态文明既关乎青藏高原生态环境保护，也关乎藏族同胞的文化语境的保护。建设生态文化，实现生态文明，走可持续发展的道路，这是历史的必然选择，也是时代赋予的神圣职责。

本书既深刻反思和探讨了藏区生态文明建设中的伦理问题，又研究了藏族同胞在生态文明建设中应如何注意生态环境和生态安全问题。这些问题对实现民族地区经济社会的跨越式发展和长治久安有着重大的现实意义，也对实现民族地区和谐社会的构建有着深远的历史影响。

关键词： 青藏高原　藏族地区　生态文明建设　生态伦理观念

目　　录

第一章　绪论

　　21 世纪是中国全面建设小康社会的关键时期，文化已经成为加强民族凝聚力和民族创造力的重要因素，大力弘扬优秀传统文化也越来越成为我国人民的热切愿望。2012 年 11 月 8 日，中国共产党的十八大召开，将"生态文明建设"列为"五位一体"目标的重要内容。"生态文明建设"是中国共产党在新时期提出的一项重要国策：生态文明建设，是关系人民福祉、关乎民族未来的长远大计。面对资源约束趋紧、环境污染严重、生态系统退化的严峻形势，我们必须树立尊重自然、顺应自然、保护自然的生态文明理念，把生态文明建设放在突出地位，融入经济建设、政治建设、文化建设、社会建设各方面和全过程，努力建设美丽中国，实现中华民族永续发展。这一战略目标的提出，为我国建设"生态中国"指明了发展方向。

　　早在改革开放初期，对于如何保护藏区生态环境问题，党中央就出台了一系列方针和政策。2002 年，全国人大环境与资源保护委员会主任曲格平在"两会"期间提出：我国生态环境问题已经上升为生态安全问题。随着社会经济的不断发展，安全的重心也在发生转移，我国生态环境保护问题已逐步被提升为社会问题，如果这些问题得不到根本的治理，将会严重危害国家安全。

　　生态文明是人类在生产、生活和健康等方面不受生态破坏与环境污染等影响的保障程度，其中包括饮用水与食物安全、空气质量与绿色环境等基本要素。在生态文明建设的过程中，青藏高原占据了十分重要的地位。可以说，没有青藏高原的生态文明，就没有全国的生态文明，也没有全国的可持续发展。近年来，国家把青藏高原的区域战略地位提升到国家生态安全屏障的层面。中央提出要使青藏高原成为重要的生态安全屏障、重要的高原特色农产品基地、重要的中华民族特色文化保护地。

一 本课题研究意义

在生态文明建设中，继承和弘扬藏族同胞优秀的生态伦理道德观念，对于实现青藏高原的生态文明建设至关重要。"生态文化是一个民族对生活在其中的自然环境的适应性体系，它包括民族文化体系中所有与自然环境发生互动关系的内容，诸如这个民族的宇宙观、生产方式、生活方式、社会组织、宗教信仰、风俗习惯等。"[①] 藏族同胞生活在青藏高原，自古以来就创造了丰富多彩的生态文化，形成了人与自然共生互利、和谐相处的良性互动关系，这就为青藏高原的生态环境保护打下了良好的基础，也为今天青藏高原的可持续发展提供了宝贵的精神财富。"少数民族和土著居民具有适应自然、保护环境的生态文化，这是世界上的一种普遍现象和共同规律，也是促进全球可持续发展的宝贵财富和重要资源。在我国和谐社会的构建过程中，我们应该十分珍惜这笔宝贵的财富，采取切实措施保护和利用好这一重要资源，将少数民族地区率先建设成为可持续发展的示范区。"[②] 可以说，这一课题，既深刻反思和研究藏区的生态文明建设中的伦理问题，又深入研究藏族同胞的文化传承。这将对藏区经济社会发展和长治久安产生重大的现实意义，也对构建我国和谐社会有着深远的历史影响。

---

① 苏雪芹：《青藏地区生态文化建设研究》，中国社会科学出版社 2014 年版，第 1 页。
② 同上书，第 20 页。

二 基本内容

（一）主要内容

人类的生存环境是人类赖以生存和发展的各种自然因素的总和。"是指影响人类生存和发展的各种天然的和经过人工改造的自然因素的总体，包括大气、水、海洋、岩石、土地、矿藏、森林、草原、野生生物、自然遗迹、人文遗迹、自然保护区、风景名胜区、城市和乡村等。"[1] 中国的桂林山水、美国的黄石公园、埃及的金字塔等，每年都吸引着成千上万的游客。优美的环境使人们心情愉快、精神放松，有利于提高人体健康水平和工作效率。

青藏高原素有"世界屋脊"和"地球第三极"之美誉。青藏高原不仅是南亚、东南亚地区的江河之源和生态之源，更是东半球（包括中国在内）的气候启动器和调节器。青藏高原孕育了欧亚次大陆上的大江大河，包括我国的黄河、长江，以及流经六国的澜沧江—湄公河、恒河、印度河等著名的河流。这些大江大河是亚洲各民族人民的生命之源。与此同时，青藏高原也曾孕育了人类灿烂的古代文明。该地区独特的地理环境和气候条件，也成为高寒生物的自然种类资源库。

近些年，由于全球气候变暖、大气污染严重、水资源匮乏、土地资源减少、种群急速消亡等种种现象，青藏高原不再是人类传说中的"最后的净土"和"伊甸园"。该地区面临的种种问题同样对人类提出了巨大的挑战，尤其是随着经济社会的发展，人类不合理的资源开发活动，使得青藏高原生态环境恶化的趋势不断加剧，保护生态环境的需求日益紧迫。

自古以来，藏族同胞就尊重自然、敬畏自然，关爱天地万物，追求天、地、人"三位一体"；特别是自佛教传入青藏高原后，藏族同

---

[1] 环境保护部环境监察局编：《中华人民共和国环境保护法》（第二条），中国环境出版社 2015 年版。

胞强调世界上万事万物和人都是平等的，大力推行"慈悲为怀""爱物厚生""不杀生"理念，并在践行过程中建构了生命体系的架构，在实际上已经拓展、升华和丰富了生态伦理体系的理论基础。这些传统文化中的生态伦理道德，对于提高现代人的生态伦理意识，保护生态环境和生态安全有着重要启示意义，是构建现代生态伦理学不可或缺的文化资源。

本书的研究中心就是藏区生态文明建设前沿问题。本书将对青藏高原藏族的生态环境、生态文化展开调查，在研究方法上注重对藏文文献的发掘、整理和研究，并注意结合实地田野考察和个案调查。近年来，党和国家相继出台了一系列生态文明建设的大政方针，使得青藏高原的生态环境保护工作取得了显著成效，但与此同时，仍然潜藏着严重的生态危机。那么，藏区的生态环境保护究竟取得了哪些成效，凸显的问题在哪里，如何寻求生态环境保护与经济社会科学长久发展的最佳途径，这些都是本书讨论的问题。本书试图将生态文明建设贯穿于藏族同胞的生态伦理观念的子环节进行阐释，为完善藏区生态文明建设提出一些可供参考的理论假设，同时也希望能为政府部门的决策提供科学的理论依据。本书将藏族同胞的生态伦理观念和青藏高原的生态环境保护联系起来，从藏族同胞的生态观念的价值入手，构建出一种全新的生态伦理思想和文化，为政府制定相应的政策提供理论依据。

（二）研究思路

马克思指出，人与自然之矛盾的最终解决是建立在人与社会矛盾解决的基础之上。因此，在建设中国的生态伦理思想和文化的同时，我们必须要有正确的世界观和价值观，以构筑适合我国社会主义制度的生态伦理价值体系。从某种意义上说，环境问题最终会引发一系列的社会矛盾问题，这就是生态文明建设的意义和价值所在。

本课题的研究，主要包括以下四个工作程序：第一，搜集藏文文献资料。第二，收集民间口碑资料。第三，参照田野考察资料。第四，案头资料梳理与研究。

在前贤研究成果的基础上，本书深入发掘藏族同胞传统文化的文本文献资料，从精神文化生态、物质文化生态和制度文化生态三个方面来深刻阐释藏族同胞的生态伦理观念，全面系统地研究藏族同胞的传统生态伦理观念以及在藏区生态文明建设中的生态伦理观念所发挥的重要作用。

第一部分，绪论，重点介绍了研究意义、基本内容、研究方法、主要观点以及国内外研究情况。

第二部分，依据藏文文献，重点阐述了藏族同胞的原始苯教和藏传佛教理论体系所建立的天界宇宙模式，就"天界""地界""龙界"即"三界"模式做了描述。

第三部分，阐述了藏族同胞的自然万物生命体系的创立，重点解读了灵魂观念、灵魂寄存体系以及灵魂寄存观。

第四部分，结合藏文文献，阐述藏族同胞建立的自然界人格化体系，对作为山神的"念神"系统、水神的"龙神"系统等进行了梳理，说明了自古迄今藏族同胞崇尚自然、崇尚英雄、崇尚山神和水神的文化现象，这种现象与中华各民族乃至亚洲各民族龙文化崇尚的文化现象一脉相承。

第五部分，通过对藏文文献的梳理，认为古代藏族先民的生态伦理观念既反映了生态伦理实践，又折射出了古代藏族先民的社会秩序，充分阐明了藏族部落、宗教文化、生态文化的密切关系。

第六部分，依据藏文文献，说明了地域文化与生态伦理观念形成的关系，认为这种关系是建立在自然环境和特色文化关系之中。

第七部分，通过对自然山水文化的审美特征研究，揭示了藏族同胞崇尚自然与大自然和谐相处的重要原因。

第八部分，从敬畏生命范式的角度，阐释了人们对理想的精神家园的向往——即在生存环境日益恶化的条件下，不能破坏自然规律，必须遵循自然规律来保护自然、保护生态，由此强调了保护生态环境的作用和意义。

第九部分，充分发掘了原始苯教和藏传佛教的生态伦理观念，重点梳理了藏族同胞生态伦理的系统化体系及其在生态文明建设中所发挥的重要作用。

第十部分和十一部分，通过对青海玛多和甘肃甘南两个藏区的田野考察，阐明了黄河源头的生态恶化与生态文明建设的关系，特别是针对玛多从20世纪80年代的"全国首富县"沦为今天的"生态难民县"的教训，深刻思考了在青藏高原脆弱的自然生态环境下如何看待其生态文明建设的战略地位，针对生态环境保护的不利因素，探索了适合牧区特点的环境保护对策，阐明了大力提倡生态伦理观念对藏区生态文明建设所发挥的作用。针对青藏高原的生态文明建设中存在的问题，本书提出以下对策和建议：第一，遵从生态文明建设的大政方针，建立生态环境保护决策机制；第二，尊重藏族同胞传统的生态伦理价值，保护藏族文化的语境；第三，提高藏族同胞的环境保护意识，依法保护生态环境；第四，坚持走绿色生态可持续发展的道路，积极开展国际环境合作与交流。

第十二部分，课题的结语，通过对构建现代生态伦理学体系的努力，进一步阐释了人类与自然万物同源、人类与自然和谐相处、人类与自然共荣共生的意义以及构建和谐社会的重要性。

（三）创新之处

本书紧密切合藏族同胞传统文化的伦理思想，以党的十八大提出的生态文明建设理论为指导，从生态环境保护和生态文明建设入手，探讨以青藏高原为主题的藏区生态文明建设进程以及与藏族同胞的生态伦理相关的问题，较新颖之处是能将藏族文化中的子元素结合到我党的最新理论中，以实际资料为证，并提出可行性的决策依据。

三　研究方法

本书紧紧围绕藏区生态文明建设中的生态伦理这一问题，在研究过程中坚持创新发展的原则，坚持理论联系实际，注重田野调查与民族文献资料发掘相结合，运用哲学、宗教学、社会学、经济学、法学等交叉学科的新成果来完成研究。在研究方法上注重实地考察和个案调查与分析，在选题上主要以藏区生态文明建设中生态伦理观念所发挥的作用为研究重点。研究这一课题，将对藏族地区经济社会跨越式发展产生重大的现实意义，也能对构建藏族地区和谐社会产生重大战略影响。同时，更能为政府部门的决策提供科学的理论依据。本书采用藏族同胞的口述史、地方志、藏族文化史等文献和实证相结合的研究方法，尽力从"地方性知识"中获取千百年来藏族同胞与自然和谐相处的独特经验以及不可违背的伦理思想，用实证研究方法探讨藏区生态文明建设与藏族生态伦理。在以往的社会经济发展研究中，不同程度地存在着"重硬件、轻软件"的倾向——即看重自然资源，看重政府投资和设备的引进，轻视对当地社会结构、价值观念、文化教育等因素的研究。要探讨藏区的反贫困问题，除了要注重经济学的研究之外，还有必要进行人类学、社会学研究，以尽力补充我们对软件方面的认识不足。

四 主要观点

在青藏高原特殊的地域中，藏族同胞在适应自然的过程中形成了藏族文化。藏族文化之所以独具魅力，就是因为这里的生态环境没有受到破坏并且得到了妥善的保护。在漫长的历史发展过程中，藏族同胞珍惜高原的资源，爱护高原生态环境，创造了人与自然和谐相处的价值观念、生活方式与地域文化；与此同时，藏族同胞也构筑了灵魂转世和灵魂寄存的理论体系。藏族同胞认为，世界充满了神灵，在人的精神世界里有着神灵的存在，而在神灵的世界里又有着人的踪影。人与人、人与自然之间形成了特殊的关系，形成了相互依存的生命体系。藏族同胞认为，自然界中的山山水水、花草树木都有生命，都有神灵存在，崇敬自然也就是崇敬神灵，崇敬自然会受到呵护，破坏自然就会遭到惩罚和报应。蓝天由天神主宰，高山由山神主宰，江河湖泊是龙神的领域，这种观念大大丰富了人们的精神世界，而这种自然崇拜和民间传统观念，反过来又对藏族同胞的传统文化产生了重要影响。由此，进一步形成了一种互动关系，并以厚重的文化形式深深根植于青藏高原的这块土地上，极大地丰富了人们的文化生活，从而也保护了青藏高原这块神奇的土地，呵护了人们的精神家园。这些传统的生态伦理既蕴藏了今天提倡的可持续发展观的萌芽，又以更高层次的哲学意蕴在快速发展的经济社会中发挥着重要的作用。

为了实现中华民族的伟大复兴，继承和弘扬藏族同胞的优秀的传统文化，就要正确树立藏族地区的可持续发展观，积极挖掘和传承藏族同胞的生态伦理观念，使藏区在现代化进程中保持民族特色和地域特色，在生态文明建设中发挥重要的作用，实现生态文明建设的伟大目标。

本课题的主要观点：

第一，继承藏族传统生态伦理观念，弘扬藏族的文化精髓。

第二，普及生态科学知识，提高人们的生态保护意识。

第三，建立生态法律长效机制，普及生态环境保护的知识。

第四，倡导绿色消费意识，培养和树立节能减排的世界观。

第五，积极开展国际环境合作与交流，建立遵循循环经济理念的生态经济体系。

五　国内外研究综述

长期以来，国内外学者对藏族同胞的生态伦理观念等问题多有关注，不乏研究成果。但就相关问题展开专题研究的很少，藏区生态文明建设中的生态伦理观念研究实属空白。

（一）国外研究状况

生态文化的兴起，始于欧美部分发达国家，这些国家工业文明的最先兴起，造成了种种生态危机，人们不得不开始关注人与自然的关系问题，由此产生了诸多研究成果。1962 年，美国的蕾切尔·卡逊（Rschel Carson）出版的《寂静的春天》①，掀起了环境保护的热浪，这部著作也成为研究现代生态文化的开山之作。1987 年，世界环境与发展委员会宣布了《我们共同的未来》（*Our Common Future or Brundtland Report*）②，标志着在全球经济发展中，生态环境问题已经成为人们共同关注的核心问题。1997 年 5 月，《自然》杂志发表了《世界生态服务的价值与自然资本》③，作者强调了公平的环境伦理观，由此产生了很大影响。不同国度、不同地区的科学机构和国际组织、科学家从不同的角度，对全球的环境生态现实以及对人类未来环境生态的关注，反映了人与自然环境的和谐问题已经成为科学家密切关注的焦点，保护生态环境已经成为全世界人们的共识。

人类环境会议发表的《人类环境宣言》④ 指出："人类有权……享有自由、平等和充足的生活条件的基本权利，并且负有保护和改善这一长期和将来的世世代代的环境的庄严责任。"在以往的时间里，人类已经过分地破坏了地球生态系统，侵占了野生生物的栖息地，破坏了生物圈的食物链，致使大量物种灭绝或濒临灭绝。为此，在未来的世纪里，人类不仅要遵循生态规律，而且还要在保护生态环境中履行自己的权利和义务。

20 世纪 70 年代，在西方社会绿色运动背景下，产生了生态社会主义思潮，这种思潮逐步趋于成熟，其代表人物是德国的马尔库塞。

---

① ［美］蕾切尔·卡逊著，吕瑞兰、李长生译：《寂静的春天》，吉林人民出版社 1997 年版。

② 世界环境与发展委员会编，王之佳、柯金良译，夏堃堡校：《我们共同的未来》（*Our Common Future or Brundtland Report*），1987 年宣布，吉林人民出版社 1997 年版。

③ ［澳］康斯坦热（R. Costanza）：《世界生态服务的价值与自然资本》，于 1997 年 5 月世界权威的科学杂志《自然》上发表，产生过广泛而重大的影响。

④ 《人类环境宣言》于 1972 年 6 月 16 日在斯德哥尔摩联合国人类环境会议全体会议通过。它是人类历史上第一个保护环境的全球性宣言，对激励和推动全人类保护环境发挥了积极的作用。

他站在资本主义社会实践的前沿阵地，指出了生态危机与资本主义的内在联系，认为造成生态危机的根源就是资本主义制度自身。其认为生态危机不是单纯自然的、科学的问题，实质上是资本主义社会政治危机、经济危机和人的本能结构危机的集中体现。资产阶级为了在竞争中保持高生产、高消费，肆意"破坏自然""盘剥自然"，自然界被其严重污染，甚至被商品化和军事化，急剧恶化的大自然反过来疯狂对人类进行"报复"，直接危害人类的生存。

环境问题的深层根源在于人类对自然的无知，因此人类不得不重新端正对待自然的态度，重新思考人类社会的发展道路。在原始社会和农业社会中，人类认识自然与改造自然的能力非常有限，人与自然之间在总体上基本维持着平衡，人与自然是相对和谐的。随着工业文明进程的加快，由于对资源的过度开发和对环境破坏日趋严重，人类不得不反思这种过激的行为，生态伦理观念由此而产生。"我们必须与其他生物分享我们的地球"，人类"只有认真地对待生命这种力量，并小心翼翼地设法将这种力量引导到对人类有益的轨道上来，我们才有希望在昆虫群落和我们本身之间形成一种合理的协调"①。

国外对青藏高原生态伦理观念的研究，可以追溯到19世纪下半叶。当时，大批国外探险家、传教士和学者纷纷来到我国藏区及其毗邻地区，从事传教和资料的搜集工作。首先，流传在喜马拉雅山周边地区的藏传佛教、民俗文化以及史诗《格萨尔》等引起了人们的密切关注，使西方国家对藏族文化有了进一步的了解和认识。20世纪以来，法国学者石泰安在《西藏史诗与说唱艺人的研究》② 一书中，对藏族同胞的自然崇拜、山神和水神崇拜作了简要介绍。在这部著作中，虽然对相关问题的研究不多，但却为我们提供了重要的资料线

---

① 田文富：《环境伦理与和谐生态》，郑州大学出版社2010年版，第24页。
② ［法］石泰安著，耿昇译，陈庆英校订：《西藏史诗与说唱艺人的研究》，西藏人民出版社1993年版。

索。1922 年 2 月，有"纳西学之父"称号的美籍奥地利学者洛克（J. F. Rock）抵达中国云南的丽江进行考察和探险，1926 年 4 月，他又抵达黄河源头地区对阿尼玛沁雪山进行了考察，撰写了题为《阿尼玛沁山及其邻近地区的专题研究》[①] 的著作，于 1956 年刊登在《罗马东方丛书》第 12 辑。该书对阿尼玛沁山及其周边地区的民俗文化作了简要介绍，其中也涉及了当地藏族同胞的生态伦理观念。此外，奥地利藏学家勒纳·德·内贝斯基·沃杰科维茨写了一部名为《西藏的神灵和鬼怪》[②]（赫尔辛基，1956 年）的著作，对藏族的各种神灵做了系统的研究，尤其对神山及其方位、名称、宗教寺院的崇拜做了考证，尽管他从比较宗教学的角度对圣山、圣湖崇拜做了研究，但是为我们从微观的角度研究藏族同胞的生态伦理观念找到了更好的切入点。

　　20 世纪后半期，国外对青藏高原地区的生态文化也进行了研究，主要关注生态环境保护、民俗民风的历史、部落文化的传承。1958 年，日本人川西田二郎以藏区查加村为个案进行调查，将该村的生产、社会、家庭、宗教、物质文化等详尽论述，其中也涉及了藏族传统生态文化习俗。1986 年到 1988 年，梅·戈尔斯坦[③]等人在西藏北部羌塘地区开展实地调查，出版了相关调查研究报告。1991 年，萍福德所著的《藏族》以及 1992 年阿桑夫所著的《藏族·喜马拉雅》

---

　　① ［美］洛克（J. F. Rock）：《阿尼玛沁山及其邻近地区的专题研究》，《罗马东方丛书》1956 年第 12 辑。

　　② ［奥地利］勒纳·德·内贝斯基·沃杰科维茨著，谢继胜译：《西藏的神灵和鬼怪》，西藏人民出版社 1993 年版。

　　③ 梅·戈尔斯坦（1938—　）是美国著名人类学家和藏学家。1960 年，他以《西藏的僧兵研究》（*A Study of the Ldab Ldod*）一文，获密执安大学历史学硕士学位。1968 年，他撰写了《西藏政治制度的人类学研究》（*An Anthropological Analysis of the Tibetan Political System*）一文获华盛顿大学人类学博士学位。1985 年 5 月，他到达拉萨，为《西藏现代史（1913—1951）——喇嘛王国的覆灭》（*A History of Modern Tibet, 1913 - 1951: The Demise of the Lamaist State*）一书收集资料。1986—1988 年，写出了《西藏西部牧民——一种幸存的生活方式》（*Nomads of Western Tibet: The survival of a way of life*），客观地反映了中国西藏改革开放后所发生的变化。

等专著，从不同角度阐述了西藏传统文化，^① 其中也包含了对藏族传统生态伦理观念的研究。

（二）国内研究状况

对于生态环境保护和生态安全方面的研究，国内虽处于起步阶段，但也取得了丰硕的研究成果。近年来，针对生态文明建设这一重大战略问题，党中央、国务院出台了一系列的大政方针。党的十六届三中全会明确强调，要用"五个统筹"来推动改革和发展，全面、完整地提出了科学发展观，初步提出了社会主义生态和谐思想。2005年2月，胡锦涛指出："我们所建设的社会主义和谐社会，是民主、法制、公平正义、诚信友爱、充满活力、安定有序、人和自然和谐相处的社会。"这一思想强调，要大力发展社会主义物质文明、精神文明、政治文明和生态文明，生态和谐是社会主义和谐社会的基本内涵之一，这标志着社会主义生态和谐思想正式形成。

从20世纪70年代中期以后，通过介绍西方的环境伦理学说，我国学术界才逐渐对环境伦理学这一前沿理论观点有所认识，而对于究竟什么是环境伦理，其基本价值观是什么，知者寥寥。这充分表明，在我国高层次的知识分子层面和普通公众层面普及环境伦理学，是非常重要和必要的。靳辉明、周新城、顾海良、余文烈的《当代国外社会主义流派》^② 一书，阐明了生态社会主义对资本主义的批判以及对未来的具体构想。郇庆治的《绿色乌托邦》和《欧洲绿党研究》^③，阐述了西方学者的"绿色的思想""绿党的含义""基本观点""发展阶段"等等，讲述了生态政治学及生态社会主义。高放的《当代

---

① 《国外藏学在实地调查方面的进展》，中国民族古籍网，http://www.zgmzgi.com/showArticle.asp。

② 靳辉明等：《当代国外社会主义流派》，安徽人民出版社2001年版。

③ 郇庆治：《绿色乌托邦》，泰山出版社1998年版。郇庆治：《欧洲绿党研究》，《马克思主义研究》2000年第4期。

世界社会主义新论》① 一文，对绿色运动、生态马克思主义、生态社会主义也进行了介绍和分析。段中桥的《当代国外社会思潮》② 一书，介绍了生态社会主义的产生背景、发展阶段、基本主张及其对生态社会主义的评价。曾文婷的《生态学马克思主义研究》③ 一书，对生态学马克思主义的起源、内涵及当代中国生态问题展开了论述。

在吸收国外先进研究成果的同时，国内学术界也立足国情，不断探索，从而产生了诸多优秀的科研成果。这些研究十分强调中国的传统生态文化特征，注重区域生态文化建设。目前，我国的海南、山东、贵州、云南以及青海等省从物质生态文化和制度生态文化的层次提出了生态立省的战略，制定了一系列的方针政策，为我们进行藏族生态伦理观念研究提供了有益的借鉴。近年来，青藏高原的生态环境、藏区社会问题以及藏区生态文明建设受到了党和国家的高度关注。随着全球气候与环境的日趋恶化，如何更好地保护青藏高原的自然环境，发挥"地球第三极"的功能与作用，实现可持续发展等问题摆在了当代国人的面前。自20世纪90年代，洛桑·灵智多杰就已开始关注和研究青藏高原的生态环境。据目前所掌握的资料来看，洛桑·灵智多杰主编的大型丛书有：《青藏高原环境与发展概论》④《青藏高原人口与环境承载力》⑤《青藏高原环境与湖泊》《青藏高原的草业发展与生态环境》⑥《青藏高原的水资源》⑦《青藏高原的冰川与生态环境》⑧《青藏高原沙漠化问题与可持续发展》⑨《青藏高原的交通

① 高放：《当代世界社会主义新论》，云南人民出版社2002年版。
② 段中桥：《当代国外社会思潮》，中国人民大学出版社2004年版。
③ 曾文婷：《生态学马克思主义研究》，重庆出版社2008年版。
④ 洛桑·灵智多杰主编：《青藏高原环境与发展概论》，中国藏学出版社1996年版。
⑤ 洛桑·灵智多杰主编：《青藏高原人口与环境承载力》，中国藏学出版社1998年版。
⑥ 洛桑·灵智多杰主编：《青藏高原的草业发展与生态环境》，中国藏学出版社2000年版。
⑦ 洛桑·灵智多杰主编：《青藏高原的水资源》，中国藏学出版社2003年版。
⑧ 洛桑·灵智多杰主编：《青藏高原的冰川与生态环境》，中国藏学出版社1999年版。
⑨ 洛桑·灵智多杰主编：《青藏高原沙漠化问题与可持续发展》，中国藏学出版社2001年版。

与发展》①《青藏高原产业布局》《青藏高原生态旅游可持续发展模式研究》②《青藏高原科技文献目录大全》《藏族传统文化与青藏高原环境保护和发展》③ 以及《青藏高原甘南生态经济示范区研究》，等等，显示了国内研究的最高水平。该学者长期致力于青藏高原的生态环境保护和生态安全研究工作，提出了青藏高原是"中华水塔"和"五源"等学术论点，发表了《青藏高原畜牧业开发研究战略》《黄河断流与青藏高原的环境》《有效保护和科学配置河西内陆河流域水资源，保持经济社会的可持续发展》《青藏高原水资源的保护和利用》《着力建设生态经济示范区》《开发青藏高原旅游要注重生态保护》《西部地区生态移民和谐发展的关键环节》《像对待农田一样对待草原》等系列论文，还主编有《走向国际市场》丛书、《乡镇企业法务实全书》《甘南生态经济示范区研究》④ 等重要著作。在研究青藏高原生态环境保护系列课题的过程中，有大批自然科学家和人文社会科学家参与其中，他们坚持了理论和实践相结合的研究方法，形成了自然科学与人文社会科学交叉研究的局面。"青藏高原环境与发展研究"课题被列为国家科委和中国藏学研究中心的重点研究项目。其中中国科学院有四、五位院士亲自参与课题，积累了丰富的研究素材，采用了跨地区、多学科、全方位的视角，对青藏高原生态环境现状和未来发展方向进行了全面、系统的研究，给各级政府保护青藏高原生态和开发青藏高原提供了必要的基础决策依据，在学术界产生了较大的影响，得到了人文社会科学学界赵朴初、费孝通等前辈的支持和肯定，也得到了自然科学学界孙鸿烈和郑度等中国科学院院士的支持和肯定。洛桑·灵智多杰认为：青藏高原是"五源"——即生态之源、

---

① 洛桑·灵智多杰主编：《青藏高原的交通与发展》，中国藏学出版社1999年版。
② 洛桑·灵智多杰主编：《青藏高原生态旅游可持续发展模式研究》，中国藏学出版社2007年版。
③ 洛桑·灵智多杰主编：《藏族传统文化与青藏高原环境保护和发展》，中国藏学出版社2008年版。
④ 洛桑·灵智多杰主编：《甘南生态经济示范区研究》，中国藏学出版社2005年版。

冷源、生命之源、水源、文明之源；作为中国的生态安全屏障，这里资源丰富，但生态脆弱。青藏高原的发展靠资源，可以将资源优势转化为经济优势，应以立法的形式加快对中国西部生态环境的保护力度。

桑杰端智的《藏传佛教生态保护与实践》①一文，从宗教戒律方面阐述了藏传佛教对人们在自然生态环境中的约束。降边嘉措在《藏族传统文化与青藏高原的生态文化保护》②一文中指出，"藏民族的传统生态文化的观点就是'天人合一'，主张人与大自然和谐相处，与大自然融为一体"，正因为有了这种优秀的生态文化理念，藏区的生态环境才得到了真正意义上的保护。南文渊的《中国藏区生态文化保护与可持续发展研究》③一书，分析了青藏高原环境退化的原因，认为必须保护自然生态和人文生态，建设具有藏区特色的物质文明、精神文明与生态文明，以此实现藏区经济与社会的和谐发展。邓艾的《青藏高原草原牧区生态经济研究》④一书，针对青藏高原草原牧区的草地生态问题、经济发展问题及相互关系问题进行了实证研究，系统思考了青藏高原的草地生态退化问题和草原牧区经济发展问题，探讨了解决青藏高原牧区草地生态问题和经济发展问题的途径。蒲文成的《青藏高原经济可持续发展研究》⑤一书，认为青藏高原生态和谐建设的基本途径是保护生态环境和走可持续发展的道路。傅千吉的《甘青川藏区生态文化及其建设小康社会研究》⑥一文，认为传统经济文化模式制约了当地经济的健康发展，威胁到了青藏高原脆弱的生

---

① 桑杰端智：《藏传佛教生态保护与实践》，《青海社会科学》2001年第1期。

② 降边嘉措：《藏族传统文化与青藏高原的生态文化保护》，《西北民族研究》2002年第3期。

③ 南文渊：《中国藏区生态文化保护与可持续发展研究》，甘肃民族出版社2002年版，第168—169页。

④ 邓艾：《青藏高原草原牧区生态经济研究》，民族出版社2005年版。

⑤ 蒲文成：《青藏高原经济可持续发展研究》，青海人民出版社2008年版，第98—102页。

⑥ 傅千吉：《甘青川藏区生态文化及其建设小康社会研究》，《西北民族大学学报》2005年第3期。

态环境以及长江、黄河流域人民群众的生命财产安全，要改变这种现状必须科学地处理好和协调好生态文化与生态环境、生态文化与建设小康社会、生态文化与可持续发展之间的辩证关系。

何峰先生主编的《藏族生态文化》① 一书，从传统藏族文化入手，就藏族同胞的生态文化的现象和内容进行了科学的分析，向世人展示了藏族同胞的独特的生态文化。这一研究成果，不仅具有重要的学术意义，而且极具学科价值，在学科建设方面具有创新性。南文渊先生的《藏族生态伦理》② 一书，阐述了藏族同胞的生态伦理的内容和影响对于保护高原自然环境、协调人与自然关系所发挥的历史作用及其现实意义，揭示了藏族生态伦理的学科价值。范宗华的《关于青海生态文化建设的思考》③ 一文，分析了青海在生态文化建设中存在的问题，并提出了对策性建议。苏永生和简基松的《论青藏高原生态环境立法与高原藏族生态文化观》④ 一文，讲述了近几十年来日益恶化的青藏高原生态环境，认为必须制定生态环保法，对这一地区的生态环境予以保护。张晓东的《谈谈宗教对藏族生态伦理观的影响》⑤ 一文，阐述了藏族生态伦理观念就是苯教万物有灵与佛教的众生平等观念在人与自然关系方面的反映，也是人们处理人与自然关系的行为规范。李姝睿的《藏族传统生态伦理的当代启示》⑥，认为藏族传统生态思想深受藏传佛教的万物平等思想和古老的山水崇拜观念影响，并对保护当地脆弱的自然环境和生态发挥了重要作用，但在现代社会飞速发展的冲击下，藏区生态思想肩负着如何从单纯地、消极地保护到合理地开发利用以及建立动态平衡的生物系统的重任。该文章在探

---

① 何峰：《藏族生态文化》，中国藏学出版社 2006 年版。
② 南文渊：《藏族生态伦理》，民族出版社 2007 年版。
③ 范宗华：《关于青海生态文化建设的思考》，《攀登》2009 年第 2 期。
④ 苏永生、简基松：《论青藏高原生态环境立法与高原藏族生态文化观》，《青海民族研究》2006 年第 4 期。
⑤ 张晓东：《谈谈宗教对藏族生态伦理观的影响》，《阿坝师范高等专科学院学报》2009 年第 1 期。
⑥ 李姝睿：《藏族传统生态伦理的当代启示》，《青海师范大学学报》2007 年第 6 期。

讨藏族同胞传统生态伦理的丰富内涵的基础上，将其置身于现代化的背景之下，寻求积极意义。熊坤新、颜顺新的《藏族生态伦理思想概论》① 一文，不仅认为藏族同胞的传统生态伦理主张尊重自然界的一切生物的生命权和生存权；还认为实现人与自然之间的和谐共存，既是保护青藏高原生态环境的需要，也是创造新生态文明的需要。南文渊的《藏族传统生态文化与藏区生态文明建设》② 一文，认为藏族同胞的生态文化主张人与自然的和谐，提出了万物一体、尊重生命的价值观；其建构了自然生态系统、人文生态系统，并且主张奉行节制和谐的生活方式与生产方式。这些自然观念对保护高原生态环境，建设生态文明具有重要的意义。南文渊的另一文章《从现代生态伦理学的发展看藏族生态伦理在现代社会中的作用》③，指出当代生态伦理学与藏族同胞的传统生态伦理都主张要尊重自然界一切生物的生命权和生存权，主张实现人与自然和谐存在，但是两者的区别也是明显的，这对保护青藏高原生态环境将发挥重要作用。

徐寅寅的《藏族的生态伦理及其现代意义》④ 一文，指出藏族同胞的生态伦理观念提出了崇敬自然、尊重生命、万物一体的价值观，而这些价值观在许多方面都有可以吸取的合理成分，至少可以提供一种可供参考的价值体系。洛加才让的《藏族生态伦理文化初探》⑤ 一文，阐明了藏族同胞的生态伦理文化起源于神话传说，生产、生活方面的许多禁忌观念和道德原则成为其生态伦理文化的核心，其部落图腾信仰（崇拜）、部落法规、宗教义理和庞大的神话体系及其禁忌观念成为他们共同遵守的伦理原则，并最终上升为生态伦理文化而被藏

---

① 熊坤新、颜顺新：《藏族生态伦理思想概论》，《青海民族大学学报》2007 年第 2 期。

② 南文渊：《藏族传统生态文化与藏区生态文明建设》，《青海民族学院学报》2000 年第 4 期。

③ 南文渊：《从现代生态伦理学的发展看藏族生态伦理在现代社会中的作用》，《青海民族学院学报》2002 年第 4 期。

④ 徐寅寅：《藏族的生态伦理及其现代意义》，《魅力中国》2010 年第 6 期。

⑤ 洛加才让：《藏族生态伦理文化初探》，《西北民族学院学报》2002 年第 5 期。

族同胞视为改造自然的重要伦理法则。李清源的《藏区生态和谐发展与藏族生态伦理文化》①一文，指出如何充分利用传统民族文化中内生的生态伦理文化因素，为促进和谐社会构建提供有力的文化资源和理论支持，是一个需要认真探讨的重要课题。

藏族同胞的英雄史诗《格萨尔》，广泛流传于喜马拉雅山周边地区和蒙古高原，包括中国的西藏、四川、青海、甘肃、内蒙古，以及尼泊尔、巴基斯坦、不丹、锡金等国家。史诗《格萨尔》为研究古代藏族的生态伦理观念提供了丰富的资料。降边嘉措的《〈格萨尔〉初探》②一书，认为史诗《格萨尔》中描述的一切自然现象都有不同的神灵主宰；还有灵魂和肉体可以分离、灵魂永存、灵魂可以在另外的物体寄托的描写，表现了万物有灵观念和自然崇拜思想，反映了史诗时代人人具有的世界观。周锡银、望潮的《藏族原始宗教》③一书，内容涉及了山崇拜、水崇拜、寄魂物等，对笔者具有启发意义。刘立千的《从〈格萨尔〉史诗看古代青藏高原上部落社会》④一文，对部落社会信仰、原始苯教的多神教、原始苯教的万物有灵，以及部落社会的宗教活动等问题进行了探讨，认为《格萨尔》所反映的岭国部落社会的宗教信仰带有许多原始宗教的遗迹。朗吉的《从〈格萨尔王传〉中看远古藏族的图腾崇拜》⑤一文，对《格萨尔》所反映的藏族同胞的图腾崇拜展开讨论，以灵魂外寄为重点，指出在《格萨尔》中处处都有灵魂外寄的现象，从而得出《格萨尔》中灵魂外寄现象可分为氏族的、家族的和个人的三种类型。丹珠昂奔的《〈格萨尔王传〉的神灵系统》⑥一文，将史诗中的神灵划分为原始神灵、苯

①　李清源：《藏区生态和谐发展与藏族生态伦理文化》，《社科纵横》2008年第3期。

②　降边嘉措：《〈格萨尔〉初探》，青海人民出版社1986年版。

③　周锡银、望潮：《藏族原始宗教》，四川人民出版社1999年版。

④　刘立千：《从〈格萨尔〉史诗看古代青藏高原上部落社会》，《格萨尔学集成》（第四卷），甘肃民族出版社1999年版。

⑤　朗吉：《从〈格萨尔王传〉中看远古藏族的图腾崇拜》，《西藏研究》1991年第2期。

⑥　丹珠昂奔：《〈格萨尔王传〉的神灵系统》，《民族文学研究》1992年第1期。

教神灵和藏传佛教神灵三个系统，认为藏族同胞的原始神灵系统是《格萨尔》中神灵系统的最基本的群体。杨恩洪的《果洛的神山与〈格萨尔王传〉》① 一文，从果洛的神山、史诗《格萨尔》两个方面展开讨论，认为阿尼玛沁山神是果洛地域文化风景线，史诗《格萨尔》是在特定文化背景下形成的精神财富。何天慧的《〈格萨尔〉中的原始文化特征》② 一文，探讨了天地宇宙起源的传说、原始部落的灵魂观念、原始部落的图腾崇拜、原始部落的神灵系统、原始部落的征兆预测以及原始部落的"央"观念，认为史诗《格萨尔》中的原始文化现象不仅给研究藏族同胞的古代社会、历史、宗教文化、民俗风情提供了珍贵的原始资料，同时也证明了史诗《格萨尔》的久远性。丹曲的《凝固在黄河源头的历史——藏民族灵魂观念的现代遗存》③ 一文，以藏族同胞的灵魂观念的现代遗存为切入点，对史诗《格萨尔》中圣山、圣湖崇拜观念，史诗中的灵魂寄存等文化现象，以及藏族同胞的与自然和谐相处、与环境协调发展的特殊关系等进行了讨论。降边嘉措的《藏族传统文化与青藏高原的生态环境保护》④ 一文，论述了藏族同胞的传统文化在青藏高原的生态环境保护中所发挥的积极作用，并对当前青藏高原生态环境保护所面临的严重问题提出了看法。他的另一篇《浅谈〈格萨尔〉与三江源的生态环境保护》⑤ 一文，将史诗《格萨尔》中的生态环境保护意识与三江源地区的生态状况紧密结合，全面阐释了三江源地区生态保护的现实意义。索南卓玛的《从〈格萨尔〉看藏民族的生态观》⑥ 一文，指出"万物有

① 杨恩洪：《果洛的神山与〈格萨尔王传〉》，《中国藏学》1998 年第 2 期。
② 何天慧：《〈格萨尔〉中的原始文化特征》，《甘肃社会科学》1995 年第 2 期。
③ 丹曲：《凝固在黄河源头的历史——藏民族灵魂观念的现代遗存》，《中国〈格萨尔〉》（创刊号），中国民族摄影艺术出版社 2002 年版。
④ 降边嘉措：《藏族传统文化与青藏高原的生态环境保护》，1997 年海峡两岸江河源地区发展问题学术讨论会论文之一。
⑤ 降边嘉措：《浅谈〈格萨尔〉与三江源的生态环境保护》，《安多研究》2005 年第 1 辑，第 294—311 页。
⑥ 索南卓玛：《从〈格萨尔〉看藏民族的生态观》，《西藏研究》2005 年第 2 期。

灵"是藏族同胞崇拜大自然的思想根源和基础，并进一步对神山圣湖、野生动物、草场和森林的保护等进行了阐述。对宇宙观的探讨，前贤的研究成果有很多。郭永海的《〈格萨尔〉史诗哲学思想浅析》①一文，从分析史诗《格萨尔》的哲学思想这一角度入手，探讨了世界观的合理因素，认为史诗的自然观，涉及时空观、运动观，在这些内容中，贯穿着朴素的唯物辩证法思想。孙琳等的《〈格萨尔〉中的三元象征观念解析》②，认为史诗《格萨尔》"有一种具三元关系的三组合式象征手法十分具有特色，而且在史诗中起着重要的作用"。何天慧的《〈格萨尔〉与藏族神话》③，指出史诗《格萨尔》中关于卵生天地、人类的神话传说等，与猕猴和岩罗刹女结合产生人类的故事一样，都表现了藏族先民对宇宙起源、天地初开、人类产生这一问题的猜想和认识。何天慧又写了《〈格萨尔〉中的三界及三界神灵信仰》一文，认为史诗中的"三界"有两种不同的文化内涵：一是指原始苯教的"三界"观，二是指佛教的"三界"观。指出藏族同胞的原始苯教把天地分为天界、地上和地下三部分——即"三界"。④李美玲在《试述〈土族格萨尔〉中的腾格里》⑤中，论述了《土族格萨尔》的腾格里。李美玲认为，从哲学意义上讲，腾格里代表着美，是真善美的所在，也是人世间一切美的事物的归宿；从表现的内容看，腾格里是佛的世界，是人类社会的缩影——对于现实社会的氏族社会组织、氏族联盟、父权制的建立、阶级的分化、国家的萌芽、土族的饮食习惯、生产方式、与凡间相同的自然物（如高山、石窟、森

① 郭永海：《〈格萨尔〉史诗哲学思想浅析》，《格萨尔学集成》（第四卷），甘肃民族出版社 1994 年版，第 2635—2644 页。

② 孙琳等：《〈格萨尔〉中的三元象征观念解析》，《格萨尔学集成》（第五卷），甘肃民族出版社 1998 年版，第 3506 页。

③ 何天慧：《〈格萨尔〉与藏族神话》，《格萨尔学集成》（第五卷），甘肃民族出版社 1998 年版，第 3745 页。

④ 何天慧：《〈格萨尔〉中的三界及三界神灵信仰》，《青海民族研究》1994 年第 4 期。

⑤ 李美玲：《试述〈土族格萨尔〉中的腾格里》，《格萨尔学集成》（第五卷），甘肃民族出版社 1998 年版，第 3621 页。

林、泉水、野马、蚂蚁、飞鸟等）都有反映；从实践的角度讲，腾格里是对客观世界的认识成果——土族认为世间万物都是腾格里创造的，腾格里是万物的主体，是本民族祖先之所在。格日勒扎布在《论蒙古〈格斯尔〉的"天"——腾格里》① 一文中，分析了《格斯尔》中的"天"观念的来源、发展以及作用等。他认为"天"基本上涵盖了蒙古族物质文化和精神文化的方方面面。这种象征手法，不外乎《格斯尔》描述的大量融入和汇聚的宇宙天体及能量，它无限强大，战无不胜。丹曲的《〈格萨尔〉中的山水寄魂观念与古代藏族的自然观》② 一书，以史诗《格萨尔》所折射的"灵魂寄存观"与"圣山、圣湖"之间存在的内在联系作为研究对象，从自然人文地理与民间文艺学的研究视角，针对挖掘和反映藏族史诗传承与传播的文化生态问题开启了理论上新的学术思考；既对深刻认识史诗这一民间叙事传统有着重要价值，又对古代藏族同胞的生态伦理观念的研究具有重要的参考价值。

贾秀兰的《藏族生态伦理道德思想研究》③ 一文，认为藏族同胞的伦理道德思想体现出了保护自然、珍惜生命、尊重自然的价值，认为这有利于创造人与自然和谐统一的社会。吴迪的硕士学位论文《藏族传统生态伦理思想及其现实意义》④，认为挖掘、整理和研究藏族同胞的传统生态伦理思想，不仅能够为建设有中国特色的生态伦理补充道德资源、提供伦理依据，同时也能够为促进民族地区生态文明建设和可持续发展提供借鉴和启示。他特别强调了要以科学发展观为指导，对藏族同胞的传统生态伦理思想之精华进行传承和弘扬。王嫚的

---

① 格日勒扎布：《论蒙古〈格斯尔〉的"天"——腾格里》，《格萨尔学集成》（第五卷），甘肃民族出版社 1998 年版，第 3653 页。

② 丹曲：《〈格萨尔〉中的山水寄魂观念与古代藏族的自然观》，中国社会科学出版社 2014 年版。

③ 贾秀兰：《藏族生态伦理道德思想研究》，《西南民族大学学报》2008 年第 4 期。

④ 吴迪：《藏族传统生态伦理思想及其现实意义》，西北民族大学硕士学位论文，2010 年。

硕士学位论文《藏族生态文化对生态道德教育的启示》①，指出应深入挖掘藏传佛教伦理中的生态文化，了解各种藏族同胞的传统礼仪，灌输对生命和自然的敬重意识，拓展生态道德教育途径，构建政府、家庭、学校、社会四位一体的生态道德教育途径，增强生态道德教育的针对性和实效性。

苏永生的《青藏高原地区生态保护立法模式的确立——以藏族文化生态为视角》② 一文，认为在青藏高原生态保护立法中有效地利用藏族同胞的生态文化，关系到该地区生态保护的成败。在青藏高原地区生态环境保护立法中，既要强调国家的作用，也要对该地区民族生态文化传统给予足够的重视。罗菊芳《实现青藏高原生态环境建设法制化研究》③ 一文，认为要解决青藏高原地区生态环境建设中的矛盾和问题，关键在于协调好生态环境与经济发展二者之间的关系，这样才能形成良好的法治秩序，促使生态环境建设走向健康有序的道路，保证青藏高原地区的经济社会可持续发展。苏雪芹的《青藏地区生态文化建设研究》④ 一书，认为青藏高原地区生态环境保护关系到西部的发展，也影响到全国生态环境的平衡和经济的可持续发展。加强生态文化建设，必须结合民族传统生态文化与青藏高原地区的实际，制定行之有效的对策和具体措施。

总之，青藏高原生态环境保护和生态伦理观念的相关研究均有较多的成果，但迄今为止，国内外对其尚未有专题研究。因此，我们有必要在前人探索的基础上，做更进一步深入细致的探讨，以大力推进生态文明建设。

---

① 王嫚：《藏族生态文化对生态道德教育的启示》，青海大学硕士学位论文，2012 年。

② 苏永生：《青藏高原地区生态保护立法模式的确立——以藏族文化生态为视角》，《河池学院学报》2008 年第 4 期。

③ 罗菊芳：《实现青藏高原生态环境建设法制化研究》，《中国国情国力》2011 年第 3 期。

④ 苏雪芹：《青藏地区生态文化建设研究》，中国社会科学出版社 2014 年版。

第二章 宇宙天界模式的建立

宇宙观也是世界观，它是一个哲学命题。自古迄今，藏族同胞从来没有停止过对这一命题的探讨，只不过其认识的视角和层面有所不同而已。毫无例外，世世代代居住在青藏高原的藏族同胞创造了灿烂的藏族文化，必然反映出整个社会的形态和该民族的思想观念，其中所展现的意识形态也是包罗万象的——既表现了朴素的唯物主义观，又反映了阶级社会里不同阶级的处世哲学；既表现了藏族同胞对生活的积极乐观，又反映了藏族同胞对大自然的敬畏和依赖。这些都闪现出了让人们无限遐想的思想光芒。对藏族同胞的传统文化中的宇宙观的研究和探讨，无疑对深入发掘藏族同胞的生态伦理观念，加强生态文明建设具有重要意义。

一 藏族宗教对宇宙"三界"的构想

（一）苯教

在苯教经典中，其将宇宙分为天界（nam-mkhav）、人界（bar-snang）、地界（sa-vog）三个世界。天界为"神界"（lha），人界为"赞界"（gtsan），地界为"龙界"（klu）。宇宙又被分为三层，即天界（为七层，又称为七层天）、中界（为人界）、下界（为鬼魂所居，分为六层、三层或七层）。苯教一直认为，苯教产生于"魏摩隆仁"（vod-mo-lung-ring），据说是西部大食（stag-gzig），它构成了现实世界的一部分。传说在世界最终被毁于大火时，其将在升天后与天界的另一个苯教圣地融合，被称为"什巴叶桑"（srid-pa-ye-sangs）。占现实世界三分之一面积的"魏摩隆仁"，呈八瓣莲花状，天空也呈现八幅轮形。"魏摩隆仁"的中央为九迭形雍仲山，① 为世界制高点。苯教认为，地界共有九层（九重地），天界最初有九层（九重天），后来被扩展为十三层。苯教的教义也划分为不同的九乘经论。雍仲山山顶呈一块水晶巨石形状，山脚下四条河流分别流向四个不同方向，从狮嘴河流出了东边的恒河，从马嘴河流出了北边的缚刍河，从孔雀河流出了西边的悉达河，从象嘴河流出了南边的印度河。九迭形雍仲山和四个中心形成了"魏摩隆仁"的内地洲（nang-gling），随后又出现了十二座城市的中地洲（bar-gling）和边地洲（mthav-gling）。三大洲被河流和湖泊所分割，轮回海（mu-khyud-bdal-bavi-rgya-mtsho）环绕整个大地，雪山环抱着"魏摩隆仁"的海洋，该山被称作"陡峭积雪的雪山之墙"（dbal-so-gangs-kyi-ra-ba）。② 山顶上住着辛饶等苯教神灵，而山底居住着恶魔。据研究表明，在 14 世纪苯教著作《根本论日光明灯》中，就将"魏摩隆仁"认定为冈底斯山，"河流从冈底斯山脚流过，而这可能就是九迭形雍仲山区"。③ 藏区除了有冈底斯山以外，念青唐古拉山、阿尼玛沁山、雅拉香波山等均为苯教宇宙观念中的宇宙山。

　　"苯教是一个多神崇拜的宗教，苯教的世界观往往是通过神话故事的形式解释的，反映出万物同源的宇宙起源思想。"④ 宇宙的早期形态是混沌的——空，然后有了"卵"，"卵"中生出世界、神，神创造人类。"卵变世界"是苯教的重要世界观。⑤ 神话中的南喀东丹

---

① 雍仲为苯教教徽，相当于佛教中的金刚，是"永生"的标志。

② ［英］桑木旦·G. 噶尔梅：《概述苯教的历史及教义》，《国外藏学译文集》（第十一集），西藏人民出版社 1994 年版，第 64 页。

③ R. A. Stein, *Tibetan Civilization*, California, 1972, pp. 203—204.

④ 索南才让：《神圣与世俗——宗教文化与藏族社会》，西藏人民出版社 2014 年版，第 44 页。

⑤ "卵变世界"的神话认为，当初有一位名叫南喀东丹曲松的王，他拥有五种本原物质。法师赤杰曲巴将五种本原物质放入体内，开始轻轻地"哈"了一声，由此产生了风。当风以光轮的速度旋转时就产生了火，风吹得越猛，火就烧得越旺，火的热气与风的凉气结合产生了露珠，露珠上出现微粒元素，被北风吹起吹落，堆积成山，世界就这样由法师赤杰曲巴创造出来了。

曲松为太空或"空"的化身，非实实在在的人，而是无形状态的。后来"他被程式化为法身，相当于佛教的法身"。赤杰曲巴法师亦非人，是一枚"光卵"，即万物生灵的导师，当他意识到十万年不显身的黑人（"黑卵"）梅本纳渡创造充满苦难的世界时，便采取行动，收集南喀东丹曲松所拥有的五种本原物质创造了世界。

根据苯教经典著作《黑头矮人的起源》① 记载的创世神话说可知，把龙视为宇宙世界的本源是苯教龙神崇拜思想的反映。另外，还有其他多种创世神话，尽管每一种创世神话之间有细微的差别，但具有共同的特点。正如云南迪庆藏族神话所认为的，② 天地形成与海中出现的巨型鳌龟有关。而广泛流传在藏区的《创世歌》则略有不同，其认为："最初世界一片空，后生白霜和清风，霜风神变成五蛋。紫色玛瑙是第一蛋，红色铜蛋是第二蛋，青色铁蛋是第三蛋，黄色金蛋是第四蛋，白色海螺第五蛋。五蛋变成地狱、智慧、逃跑、人神和飞身的种子。风、火、水、土是构成宇宙的四大元素。"

从苯教的宇宙观来看，源自"空"的"卵"不仅创造了宇宙世界，也创造了神和人。空、卵、世界，或者自然、神、人三位一体。这种特殊的宇宙观和自然观的有机统一，形成了藏族同胞的早期的宇

① 《黑头矮人的起源》的创世神话描述的是：在很久以前，宇宙处于一种"宅"的状态——混沌状态，后来出现了光，接着有了冷暖之分，冷霜形成水珠及水塘，水中的薄膜经波浪滚动形成一枚"卵"，孵化出一黑一白两只鹰，双鹰结合产生黑、白、花三枚"卵"，从黑、白两枚"卵"出现黑暗与光明两界诸神，从"花卵"产生混沌状的肉团生灵，名叫孟伦伦兰兰，其用意念生出身体的各个器官，通过愿力创造了穆神、恰神及祖神等三大神系及其居住地，世界就这样形成了。与"卵变世界"传说不同的还有"龙变世界"传说，认为龙母的头部变成天空，右眼变成月亮，左眼变成太阳，四颗上门牙变成四颗星。当龙母睁眼时是白天，闭眼时则是黑夜。龙发出的声音形成雷，舌头形成闪电，呼吸之气形成云雾，眼泪成为雨，从鼻孔产生风，血液变成五大洋，血管变成河流，肉体变成大地，骨骼变成山脉。

② 云南迪庆藏族神话是：在天地形成之前，什么也没有，后来逐渐形成大海，海面上漂浮的雾气被风吹起吹落使海中积起许多硬块，硬块堆聚在一起形成大地，但大地经常晃荡不定。后来，海中出现一条巨型鳌龟，钻入海底将大地背在背上，可是鳌龟经常摇动，大地随之晃动，天神发现后便朝鳌龟的背部射了一箭，鳌龟中箭后翻了个身，大地就稳稳地落在鳌龟的肚子上，从此没有晃动。

宙生态观。"卵"造的世界（自然界）有灵性，"卵"造的神同样有灵性。苯教"万物有灵"的基本思想，提倡人类在敬畏自然的同时必须将自身融于自然，要爱惜自然、保护自然、顺应自然、依赖自然，要与自然和谐相处。在信仰的过程中，人类既能得到精神依托，又能因此保护自然界有生命的一切动植物，甚至山石、湖泊等非生命物。这就与藏族同胞的古代神话歌谣《斯巴宰牛歌》①等神话一脉相承——其中的大鹏和太阳是苯教崇拜的对象，山、树木、大地与富于生命活力的牛联系在一起，被赋予了新的生命。万物有灵的观念成了解释世间一切运动、变化的根本依据，这一观念将人们身边的一切现象都说成是有神主宰的，神被分成不同的种类，各司其职。苯教认为，宇宙间的天地万物、飞禽走兽、花草树木等和人一样，都是"卵生神造"的，在道性上是平等的。由此提出了人与自然应和谐相处的观点，形成了保护生灵、爱惜生物的生态伦理观以及人与自然和谐相处的理想生态观。

（二）佛教

佛教的宇宙观②认为，所有的世界在"成、住、坏、灭"中周而复始，循环不停，世界存在于运动之中，毁灭于运动之中。在"三千大千世界"中，有以须弥山为中心的"欲界""色界"和"无色界"。人类居住在"欲界""色界"中，而"欲界"可分为"欲界六天"和"四大部洲""八小洲"。其中"四大部洲""八小洲"是人类的具体驻地。"四大部洲"的南瞻部洲是人类真正的家园。它形如肩胛骨，地理特征与人的相貌类同。它有蔚蓝色的天空，其中心是摩

---

①　据《斯巴宰牛歌》描述："最初斯巴形成时，天地混合在一起，请问谁把天地分？最初斯巴形成时，阴阳混合在一起，请问谁把阴阳分？最初斯巴形成时，天地混合在一起，分开天地是大鹏。……最初斯巴形成时，阴阳混合在一起，分开阴阳是太阳。……斯巴宰杀小牛时，砍下牛头放高处，所以山峰高耸耸；斯巴宰杀小牛时，割下牛尾放山阴，所以森林浓郁郁；斯巴宰杀小牛时，剥下牛皮铺平处，所以大地平坦坦。"

②　佛教的宇宙观除在佛陀的教言《时轮本续》的第一章中有专门的论述外，在世亲论师的《俱舍本论》的第三章中也有论述。两者观点有别，本书采用后者之说。

揭陀的金刚座。而冈底斯山和玛旁雍错湖，在南瞻部洲中又具有特别神圣的位置。

　　佛教传入藏区，传统的宇宙起源说又受到了佛教宇宙观的影响。据《柱间史》载：

　　在茫茫宇宙空间，先是形成了一个坚不可摧的巨大风轮，在风轮之上又形成了一个由各种物质聚集而成的云层；云层中降下大象阳具般的滂沱大雨，形成了一个蓝灰色的巨大水轮，水轮在疾风劲吹下形成了牛皮般金黄色的土轮；土轮之上飘着宝云，宝云降下宝雨又汇成宝海；在疾风鼓荡之下，宝海中渐渐又形成了须弥山（ri-bo-mchog-rab）和围绕在它四周的七重金山（gser-gyi-ri-bdun）、七游戏海（rol-bavi-mtsho-bdun）、铁轮围山（lcags-ri-mu-khyud）和外海以及"四大部洲""八小洲"。与此同时，又陆续出现了"四大色法之王"，即山王须弥山、石王阿尔瑁丽伽（var-mo-le-shing）、木王如意宝树（dpag-bsam-vkhri-shing）和海王玛旁雍错湖（mtsho-chen-ma-dros-pa）。继而又出现了"四种心智法之王"（rig-pa-can-gyi-rgyal-po-bzhi），即飞禽之王鲲鹏、百兽之王雄狮、旁生之王大象以及殊胜成就人类之王众敬王。①

在《红史》中也有宇宙起源的描述：

　　最初，三千世界形成之时，世界为一大海，海面上有被风吹起的沉渣凝结，状如新鲜酥油，由此形成大陆。此后，有一些极光净天的神祇死后转生此处为人，他们身具光明，能够空行，依靠静定喜乐之食生活，能够无限长寿。此时，星辰、季节、男女俱无分别。其后，有一人发现醍醐滋味甚美，渐次众人皆取食

---

① 觉沃阿底峡发掘：《柱间史》（藏文版），甘肃民族出版社1989年版，第60页。

之，由此身体变重，光明消失，星辰、季节、昼夜等产生。①

　　在佛教的宇宙观中，日、月、五星等十曜都被视为有生命的，其中日、月是天神，五星是仙人。史诗《格萨尔》堪称是藏族同胞的大百科全书，它代表了藏族民间文化的最高成就。其中不仅记载了藏族同胞对宇宙起源的认识，而且也贯穿了藏族同胞对自然天体的探讨和感悟。如史诗《格萨尔》将宇宙天体分为"上方神界""中间念界""下部龙界"三界。该史诗中的《汉岭传奇》描述道：

　　　　世界形成有父亲，斯巴（世界，srid-pa）形成也有母，沟脑飞出一只鸟，它说斯巴本来有；

　　　　沟口飞出一只鸟，它说世界本来无。有无之间做鸟窝，生下鸟卵十八颗。……三颗白卵（dung-sgong）滚上方，上方神界形成做基础；

　　　　三颗黄卵（gser-sgong）滚中间，中空念界（bar-gnyen-khams）形成做基础；

　　　　三颗绿卵（gyu-sgong）滚下方，下部龙界（steng-lha-khams）形成做基础，六颗鸟卵滚人间，形成藏族原始六氏族（bod-mivi-gdong-drug）。

　　　　……

　　　　其余长嘴地鼠黑铁卵，天、年、龙神铁匠来锻铸。②

　　紧接着，这则故事还将五种属性的产生与以上几种动物联系在一起。如在提到大鹏时说，"蔚蓝的天空往下叩，是因为大鹏的上喙是青色的；灰白的大地之所以广阔，是因为大鹏的下喙是灰色的；红彤

---

　　① 察巴・贡嘎多吉：《红史》（藏文版），民族出版社1981年版，第1页。
　　② 阿图：《格萨尔王传・汉岭传奇》（藏文版），中国民间文艺出版社1982年版，第171—172页。

彤日月之所以悬挂天空，是因为大鹏的眼睛红而向下翻；三百六十五天为一年，是因为大鹏有三百六十五根大羽毛"，等等。如在讲到老虎时说，"老虎有三个兄长，它们是苍龙、闪电和雷霆；老虎有三个弟弟，它们是家猫、山猫和黄鼠狼；老虎有三个妹妹，它们是豺狼、苍狼和旱獭；老虎有似虎非虎的三兄弟，它们是雪豹、草豹和金钱豹"。在提到獐子时说，"獐子的脑袋去天国，神族圣洁由此生；獐子的肩胛留蒙地，因此蒙古人尚射箭；獐子的内脏留汉地，因此汉地物产最丰富"，等等。又如在提到黄牛时说，"丢失一块鲜牛肉，只有大鹿它得到，因此鹿肉才丰满；丢失一条牛尾巴，只有马儿它得到，因此马尾巴粗又长；丢失一只牛蹄子，只有野驴它得到，因此四蹄最灵便"，等等。^① 在这些资料中，同样阐明了物种乃至民族的特性，都归于某几个动物。由此可见，在藏族先民的观念中，不仅天地和人类是由"卵"所形成，就连物种也是从"卵"中产生的。这是对宇宙天地、人类自身等物种来源的总体认识。其中的"斯巴""三界"（khams-gsum）、"天念龙"（lha-gnyan-klu）等术语，都是宇宙观念的直接表述。在藏族同胞的传统文化中，无论是苯教文化还是藏传佛教文化，都包含了宇宙观念，其理论体系严谨，修习内容丰富。宇宙观念一直贯穿于史诗《格萨尔》中；而"神界""念界""龙界"三界，在早期苯教文化中就有明确的阐述。

在藏族同胞的观念当中，青藏高原的山是连接天空的阶梯，吐蕃的赞普就是沿着这些天梯下凡的。如位居东方的大山神"雅拉香波"就居住在雅隆河谷，这里是雅隆文明的发祥地，吐蕃第一位赞普就住在这座神山脚下，据说这位赞普是由此山而下凡到了雅隆河谷的。此外，"天赤七王"也是由七座不同的山峰下凡的。"雅拉香波"是居住在雅隆河境内所有本地神和土地神的首领。^② 藏区的圣山被认为是

① 阿图：《格萨尔王传·汉岭传奇》（藏文版），中国民间文艺出版社 1982 年版，第 179 页。
② ［奥地利］勒内·内贝斯基·沃杰科维茨著，谢继胜译：《西藏的神灵和鬼怪》，西藏人民出版社 1993 年版，第 234 页。

"神山""天柱""地钉"或"地脐"。赞普的庙宇、宫殿以及王陵大多建在山麓，这也预示了它是位于通向神界的自然天梯之脚下，与神界保持着最为密切的联系。在藏区，玛尼石堆随处可见，其渊源也与佛教宇宙观中的"宇宙山"和"须弥山"有关，其在藏族同胞的神话传说中与创世有关。尽管玛尼石堆已经演化成对"战神"和山神的祭祀，但就其最初的意向和含义来讲，仍是对天帝和神灵战无不胜的特性的颂扬。诸多玛尼石堆上插的树枝象征宇宙树。"宇宙山"的玛尼石堆象征着天上、人间、地下三界，所以又被认为是"三界石"或"境界石"，白、红、黑三种颜色的石头分别代表天、人间和地狱。① "三界"也被称为"三世间"（srid-pa-gsum），指"天上神世间"（s-blavi-srid-pa-lhavi-srid-pa）、"地上人世间"（s-steng-gi-srid-pa-mivi-srid-pa）以及"地下龙世间"（s-vog-gi-srid-pa-kauvi-srid-pa）。这与蒙古族的"鄂博"的功用是一致的。由此可见，在藏族同胞的传统文化中，宇宙观念不仅具有深刻的宗教意蕴，而且深深根植于藏族同胞的民间文化传统中，由此也就形成了广泛的天文理论基础，进而成为藏族同胞的伦理观念的理论基础。

二　对自然环境的描述

更为有趣的是，在史诗《格萨尔》中，格萨尔王统辖的岭国的山川、河流和地形、地貌都是按照宇宙的构成而形成的，这不能不说是一大奇观。

（一）地形地貌

在史诗《格萨尔》中，岭国的地形是根据宇宙的天体建构的。正如该史诗中的《松岭大战》（sun-gling-gyul-vgyed）部分所描述的，当晁通落入松巴敌国军队手中后，受到了公爵大臣托果曼巴尔的审讯，

---

① R. A. Stein, *Tibetan Civilization*, California, 1972, pp. 203 – 204.

这时晁通唱道：

我们的玛康岭地方，
你若问形成是哪般，
她的形势最是特别，
如像摩尼珠是喜旋。
格卓的红色彩虹山，
如像殊胜的须弥山。
天神山、龙王山、念神山，
母亲山、玛杰、食杰山，
这是黄河上游的七花山，
是自然形成的七金山。
黄河下游的拉龙三大谷，
地形如东方胜身洲。
上岭塞尔巴八大部，
地形如南方瞻部洲。
赛绒红石岩八大部，
地形如西方牛货洲。
丹地部落十八万户，
地形如北方俱卢洲。
玛岭木江的四大部，
中岭翁本布广大部，
下岭日叉、上叉部，
还有叉吾、叉肖部。
下岭四叉达尔部，
达尔上下的汆、珠部，
达吾米错玛尔布部，
如像八小洲在八处。
毒水自旋的奶子湖，

形成犹如那大海势。①

岭国的"玛康岭"地势像喜旋"摩尼珠";"彩虹"般的"格卓山"像"须弥山";"天神山""龙王山""念神山""母亲山""玛杰""食杰山"是"黄河上游的七花山",也是"自然形成的七金山";"黄河下游的拉龙三大谷,地形如东方胜身洲";"上岭塞尔巴八大部,地形如南方瞻部洲";"赛绒红石岩八大部,地形如西方牛货洲";"丹地部落十八万户,地形如北方俱卢洲"。其中的"须弥山""东方胜身洲""南方瞻部洲""西方牛货洲""北方俱卢洲"等都是藏传佛教宇宙观中的宇宙三界的基本构成,常常以坛城的形式表现,包括立体坛城、平面坛城,表现了佛界的威严和神圣性。史诗《格萨尔》描绘的岭国,由梵天之子格萨尔统治,同样具有神圣性,具备了佛教三界的瑞相。

(二) 山川河流

对自然山川河流和海洋的描述,在相关文献中俯拾即是:

我不唱虚空缥缈曲,
虚空漫漫无边际,
我不唱河水漫海曲,
河水悠悠流不息。②

"虚空漫漫无边际",是指宇宙在空间上是无限的,这说明藏族先民已经观察到了宇宙的无限性;而"河水悠悠流不息",是指河水的流动没有终止,这证明藏族先民从河流不息的角度观察到了时间的无限性。

在佛教思想的影响下,藏族先民形成了自身的宇宙观,认为以须

---

① 王沂暖著,王兴先译:《松岭大战之部》,敦煌文艺出版社 1991 年版,第 36 页。
② 《岭·格萨尔〈霍岭战争之部〉》上册,青海民族出版社 1980 年版,第 97 页。

弥山的中心为圆心，取五万由旬①为半径画圆，再取二万五千由旬画圆。两圆之间环形地区称大瞻部洲，按东、南、西、北分为四个象限，每一象限为一洲，分别为东、南、西和北四洲。每个洲再均分为西、中、东三区。依照佛教所勾勒的须弥山为基础的宇宙构想，在藏区寺院的壁画上都能看到。部分寺院也是按照宇宙观的设想而建，最为典型的是建于8世纪的西藏山南地区的桑耶寺，该寺是将印度、中国汉地、中国于阗以及中国西藏的建筑风格融为一体而建成，主殿代表须弥山，周围有代表"四大部洲""八小洲"及"日、月"的小殿。

总之，藏传佛教所体现的宇宙观，极大地丰富了《格萨尔》的思想内容，它不仅涉及了时空观——如佛教理论中的"须弥山""四大洲""八中洲""龙宫""无热湖"等宇宙天体的术语，也涉及了事物对立面之间的相互联系、相互转化的关系，在这些内容中贯穿了朴素的辩证法思想。

三　对人文环境的描述

"人作为自然社会的双重存在物，是在自然和社会相互交织的环境中创造文化的。这种自然环境和社会环境的整合，构成了人类各民族文化的生态环境。民族文化伦理就是该民族人与人相处的道德准则，是一种在民族社会生活中人的行为价值标准及处事之法，也是一个民族的伦理道德生活。民族伦理道德作为民族社会调控的重要方式，是每个民族自我完善的一种特殊的精神力量。它为一个民族提供统一的人际关系价值取向，并为民族的一切成员提供一整套人际关系的行为规范，以此来规约民族成员的行为，达到社会人际关系的协调。"②"一个民族的生活环境与生活方式造就特殊的生态文

---

① 由旬，古印度长度单位。一由旬等于四千丈，约合二十六市里。
② 贺金瑞、熊坤新、苏日娜：《民族伦理学通论》，中央民族大学出版社2007年版，第132页。

化，生态文化养护着一个民族的生态环境，并由此为世界多样性和文化多样性做出了贡献。"① 藏族同胞在特殊的地理环境中，遵循自然规律，倡导"天人合一"的环境伦理道德，形成了独具特色的生态文化，这在藏文文献中不乏其例。

（一）建筑

当格萨尔赛马称王后，岭国被建造得俨然如宇宙大曼荼罗之缩影，正如《松巴牦牛宗》描述：

> 东部建有"女秋朝炯"青铜城堡，有三个铜铁屋顶，住着格萨尔的侄子"布白扎拉则结"；
>
> 南部有"贵仓查叶"兀鹰城堡，其周围有一无法逾越的护城河；
>
> 西部有"来卡"军队把护的要塞，共六十五层，大门用沉沉的金属栓锁住；
>
> 岭国北部有"切卡"大城堡，里面是无尽的财富，世上最名贵的宝石皆藏于此处；
>
> 岭国中心城堡"森珠达宗"，为一座高一百九十七层的幼狮虎城堡，由众神、那嘎人和念恶魔用五种不同的宝石施魔法后建成，此为瞻部岭格萨尔王的府邸……②

第一，帐篷。

史诗《格萨尔王传》（贵德分章本）讲，当格萨尔称王后，于岭国中央设立了著名的绿玉瞻大帐房，作为权力之中心，其有着囊括各

---

① 贺金瑞、熊坤新、苏日娜：《民族伦理学通论》，中央民族大学出版社 2007 年版，第 320 页。

② 白玛次仁著，史燕生译：《根据藏文资料谈谈关于岭·格萨尔的历史、史诗和画像说方面的情况》，《民族文学译丛》（第二集），中国社会科学院少数民族文学研究所 1984 年版，第 267—269 页。

方面力量的气势：

> 此帐房上部如雄狮卧踞（象征权势），下部如青龙缠绕（象征财富），中部如金刚耸立（象征勇武）。帐房的后面供着岭地三神像（指上部白梵天王、中部念神、下部龙王）。那里分三个部分，一部分是大喇嘛居住的地方，另一部分是英雄们练武的地方，再一部分是妃子们歌舞的地方。①

格萨尔的大帐既是王权的象征，又是宇宙三界中的须弥山的象征，须弥山比喻尊贵的地位和权势；青龙是财富的象征；"无边海"比喻丰厚的财产；金刚是勇武的象征。

第二，龙宫。

在《取宝篇》中，对格萨尔的龙宫描述道：

> 王宫下层四方玉石筑，
> 铁梨硬木做成四大门。
> 就像须弥山王南边天，
> 晶晶莹莹湛蓝光自闪。
> 世界各地五谷精华运，
> 无穷无尽食物受用品。
> 如同无热湖水滚波涛，
> 浩浩荡荡浮云无止境。
> 官基直达无热龙官殿，
> 处处都有龙童游乐园。
> 三道城廓内里庭院中，
> 八种不同花园为一圈。

---

① 王沂暖编，华甲译：《格萨尔王传》（贵德分章本），甘肃人民出版社 1981 年版，第 36 页。

就像金山乳海绕四周，

各种草木丛生鲜花艳。

当中一道城墙四访边，

八宗酒洲四门作庄严。

嘉洛九种宝物满满装，

如同四周围着须弥山，

骡马牲畜福运都充满。

外城中间四廊拐弯处，

有座御敌天铁坚城堡，

如同马面大山四访围，

十万天兵吼声隆隆高。①

从物体建筑而言，格萨尔的大门都是"四方玉石筑"，由"铁梨硬木做成"，犹如"蓝光自闪"的"须弥山王南边天"；"无热龙宫殿"，"处处都有龙童游乐园"；"三道城廓内里庭院中"的"花园"，"就像金山乳海绕四周"；"嘉洛"家中的"九种宝物"，"如同四周围着须弥山"。其中最具说明的是中心城堡"森珠达宗"，它是岭国的统治中心，具有至高无上的权力，代表了政治的核心。"雄狮是史诗《格萨尔》中经常出现的动物，它经常与猛虎、青龙（或金眼鱼）一起使用，以象征宇宙三界。"② 在藏族同胞的传统观念中，雪山、狮子是神圣的教权、王权的标志，青龙则是地下宝藏的守护者。

（二）服饰

第一，帽子。

在《赛马篇》中，岭国勇士们争先参加赛马称王的角逐。觉如

---

① 王兴先主编：《取宝篇》，《格萨尔文库》（藏文版）（第一卷），甘肃民族出版社 2000 年版，第 719 页。

② 孙琳、保罗：《〈格萨尔〉中的三元象征观念解析》，《格萨尔学集成》（第五卷），甘肃民族出版社 1998 年版，第 3508 页。

（格萨尔称王前的名字）扬鞭催马，在超过了古如后，很快赶上了仓尉俄鲁（tshangs-pavi-ngo-lug）。聪明的仓尉俄鲁一边唱歌一边将"莲花生的小花禅帽"献给了觉如，这顶帽子是根据宇宙观的构想制作而成的，仓尉俄鲁也祈求觉如能同样赐给他"一件具有加持力的护身物"。

仓尉俄鲁自豪地赞颂这顶帽子，他唱道：

这顶空性花禅帽，
乃是嘉洛传家宝，
岭部长支圣缘物。
这顶帽子非寻常，
它是莲师灌顶帽，
今日敬献觉如你！
表示生死与涅槃，
轮回三界和六道，
在它里面都具备。
四根羽毛插帽顶，
表示无色处四边。
上面有绸十七条，
表示色界十七天，
帽上莲瓣十六片，
表示欲界有六天。

这顶禅帽有四边，
象征四界四大洲。
每面二角共八角，
象征周边八中洲。
帽带下缀三络穗，
象征恶趣三居处。

帽子总共为六面，
象征轮回有六趣。
帽子内里空而宽，
象征轮回无实义。
帽色白而放光彩，
象征心性无变异。
帽檐用布压边缘，
表示消除二障义。
轮回事相帽中有，
应乎出世涅槃理。①

从服饰上来看，格萨尔的帽子也具有神圣性。在赛马的关键时刻，对手仓尉俄鲁巧使一计，将既是"嘉洛传家宝"又是"岭部长支圣缘物"的"莲花生的小花禅帽"献给了觉如（格萨尔称王前的名字），以期格萨尔落后于自己。结果出乎人们的预料，觉如赢得了比赛的胜利，最终坐上了岭国国王的宝座，成为叱咤风云的雄狮大王，为以后降服四方妖魔、让岭国人民过上安宁太平的日子奠定了基础。英雄需要岭国人民来打造，更需要借助神奇的力量来美化。岭国人民认为这种强大的力量不外乎借助大自然以及宇宙天体的赐予。

（三）人体

在《赛马称王》中，神医贡噶尼玛（kun-dgav-nyi-ma）给觉如（格萨尔称王前的名字）诊脉时惊奇地发现：

他（觉如），父脉如同须弥山，一派做大首领的气势；母脉好似无边海，一派做大财东的气象；风脉就如红绫绢，一派无往

---

① 王兴先主编：《赛马篇》，《格萨尔文库》（藏文版）（第一卷），甘肃民族出版社2000年版，第627—628页。

而不胜的劲头儿。①

　　"须弥山"象征着高贵的地位和权势；"无边海"象征着巨大的财产；"红绫绢"等丝绸和哈达，象征着顺利、吉祥和平安。如在史诗《格萨尔王传》（贵德分章本）中，少年格萨尔向叔叔晁通索要他自己应得的财产，晁通分给他一座荒芜的沟头蒿草山、一架沟末小木桥及一块沟中间的蕨麻海。这三个地方虽不值钱，但在史诗《格萨尔王传》（贵德分章本）中很明显地埋下了格萨尔发迹的伏笔，实际上，格萨尔就是利用这三者夺得了统治权，并获得了勇武之力以及大批财富。当格萨尔得到这三个地方后，首先他甩飞石赶走岭国放牧的人们，占据了该地的草原；在小木桥上设卡把守，强迫珠牡以身相许；后来他又与大食财宝王对垒，并打败了对方。② 其中描述的山峰、桥梁和平地对氏族部落有着不同的价值。高山常被当作部落的大本营，在史诗中象征着统治权；桥梁是交通要道，是十分重要的防卫设施；低洼地对游牧民族来讲是肥美的草地，也是财富的象征。③ 在史诗《格萨尔王传》（贵德分章本）中，大帐、宝座、摩尼珠、中心城堡、佛像、喇嘛、狮子等是权力的象征；兵器、头盔、边缘城堡、勇士、鹰、虎等象征着勇武；宝瓶、金筒、奇珍异宝、如意轮、青龙、嫔妃、牦牛、金眼鱼等象征着财富。在史诗《格萨尔》中，每一位人物的出场，都是创作者精心的安排；每一个物体的出现，都是巧妙的布局。

四　结语

　　综观前述，藏族同胞为了自身的繁衍和发展，在与大自然长期和谐

---

① 黄文焕译：《赛马称王》，西藏人民出版社1988年版，第92页。
② 王沂暖编，华甲译：《格萨尔王传》（贵德分章本），甘肃人民出版社1981年版，第21—33页。
③ 孙琳、保罗：《〈格萨尔〉中的三元象征观念解析》，《格萨尔学集成》（第五卷），甘肃民族出版社1998年版，第3508页。

相处中，逐渐对宇宙天体形成了自己的看法。苯教和藏传佛教的宇宙观念，不仅奠定了藏族同胞的哲学理论基础，也大大丰富了藏族同胞的文化生态。这些宇宙观念虽然与现代意义上的科学的宇宙观念有很大的差异，但人们不得不赞叹，在当时生产力不发达的情况下，藏族先民认识自然、了解物质世界的艰辛历程。这些朴素的宇宙观和自然观不仅为丰富史诗《格萨尔》的内容发挥了重要的作用，而且所反映的淳朴的生态伦理观念在藏族先民的生产生活中也发挥了重大的作用。

（一）宇宙观是藏族早期创世神话的延伸

任何民族都有自己的原始宇宙观，都有自己的创世神话，都有原始初民描述宇宙天体形成、万物产生及演变的传说。藏族同胞的创世神话向人们传递着藏族先民对宇宙、社会、人的独特思考和体验；同时也向人们诉说着早期藏族先民面对茫然的外部世界所做的种种解释。"十八颗鸟卵"的故事就是实例。它表明了藏族原始苯教宇宙观所说的"三界"和"藏族原始六氏族"的相互联系。从这则故事中可以看出，在藏族先民的观念中，不仅天地和人类是由鸟卵所形成的，就连物种也是从鸟卵中产生的。这是对宇宙天地、人类自身及五种来源的总体认识。史诗《格萨尔》中的大鹏，其"卵"创造"三界"和人类的神话，以及所涉及的历史文化渊源极其深远，"代表了藏族先民对宇宙天地、人类自身来源的幼稚的认识，体现了藏族创世神话与众不同的特点"①。

在藏文文献中，也有天地生成的记载。《朗氏家族》载："（地、水、火、风、空）之精华形成一枚大卵，卵的外壳生成天界的白色石崖，卵中的蛋清旋转变为白海螺，卵液产生出六道有情。卵液又凝结成十八份，即十八枚卵，其中品者系色如海螺的白卵……"②"卵生

---

① 何天慧：《〈格萨尔〉中的三界及三界神灵信仰》，《青海民族研究》1994 年第 4 期。

② 大司徒·降曲坚赞：《朗氏家族》（藏文版），西藏人民出版社 1986 年版，第 4—5 页。

说"也被藏族学者接受并记载于著述中,其核心内容认为:宇宙万物起源于"空",后发生变化产生了轻而震荡的"风"(即气流),又由轻而震荡的"风"产生"火"(火为热性);"风"与"火"触动产生了"风"的"微尘","微尘"慢慢增大,在"火"的作用下,冷热不均,变冷的出现湿润,由湿润产生"水"①,"风""火""水"三种元素互相接触,微尘逐渐下降凝结为"土"。这一学说直接或间接地显示出宇宙起源的物质因素。最初的一枚或多枚"卵"都是潜在的固有状态。"卵生说"否定了神的意志和作用,将世界的形成归结为纯粹的自然物质的变化,具有进步意义。正如学者所说:混沌初开,大鹏生卵,卵生宇宙天地,再生人类万物。这就是藏族先民对天地和世间万物起源的认识,既带有高原游牧文化的特点,又具有一种朴素的唯物主义的因素,较之"大梵天"或者"上帝"创造世界的说法,具有很大的差别。②

(二) 宇宙观是早期藏族宗教哲学观念的折射

原始苯教将宇宙分为"三界",藏区的许多山均为苯教宇宙观念中的宇宙山。佛教所讲的"三千大千世界",以须弥山为中心,可分为"欲界""色界"和"无色界"。人类居住在"欲界""色界"中,而"欲界"可分为"欲界六天"和"四大部洲""八小洲",其中"四大部洲""八小洲"是人类的具体驻地。"四大部洲"的南瞻部洲是人类真正的家园。藏族同胞的宇宙结构学说接受了佛教的思想,认为地轮的中心是须弥山。藏区的圣山被认为是"神山""天柱""地钉"或"地脐"。藏区随处可见的玛尼石堆,其渊源与佛教宇宙观中的"宇宙山"和"须弥山"有关。大量的宗教哲学词汇——如"三千大千世界""三千小千世界""须弥山""无热湖"和"生死轮回"等被运用

---

① 色·昂旺扎西:《因明学概要及其注释》(藏文版),民族出版社1995年版,第47页。

② 何天慧:《〈格萨尔〉中的原始文化特征》,《格萨尔学集成》(第五卷),甘肃民族出版社1998年版,第3762页。

在民间文学史诗的创作中，使之更加体现出艺术的魅力。苯教的《十万经龙》记载了"龙母化生"的神话，这则神话类似于汉族的《盘古神话》。① 藏族同胞的"龙母"和汉族的"盘古"都是原始氏族部落的首领，两者都受到人们世代的崇拜。这表明了早期氏族社会对母亲的崇拜。"龙母化生"万物的内容，本身也与藏族"上古龙"对应的生殖和丰产之观念相吻合。"龙母"和"盘古"神话涉及世界的本源，具有创造意义。传说中的神灵、英雄以及萨满巫师常常通过"中心柱"，或上天，或下凡，或入地。纵观世界，因纽特人、中亚的贝尔雅特人（Buryat）和索约人（Syot），我国东北的满族人以及北美的印第安人，甚至非洲哈姆族的加拉人（Hamitic Galla）和海地亚人（Hadia）等游牧民族和渔猎民族，常常以帐篷前或村子中央所竖立着的杆子来象征"天柱"。欧亚草原上的游牧部落甚至将他们所居住的帐篷也按照这种宇宙模式加以建构：帐篷顶部为"天幕"，支撑帐篷的中柱被称为"天柱"，而帐篷顶部开口被认为是"通天的中心孔"，奥斯蒂亚人、蒙古人、藏族人等莫不如是。②

　　史诗《格萨尔》，经过上千年来说唱艺人的传承和加工，注入了早期苯教和藏传佛教的内容，使史诗《格萨尔》固有的框架结构受到了颠覆，史诗的结构发生了质的变化，故事情节发生了膨胀，以致成为世界上最长的英雄史诗。特别是那些高僧大德也加入到了搜集、整理和改造史诗的行列，使得佛教的内容不断被注入，并且常常用佛教思想去解释史诗人物和行为，去认定战争的高尚目的，从而赋予了藏传佛教新的价值观念——即把宗教的"社会道德、社会理想和人生观、世界观这支理性文化"与史诗《格萨尔》合流。③ 从《天界》到

---

　　① 《盘古神话》中载："首生盘古，垂死化生，气成风云，身为雷霆；左眼为日，右眼为月，四肢五体为四极五岳，血液为江河，筋脉为地理，肌肉为田土，发髭为星辰，皮毛为草木，齿骨为金玉，精髓为珠石，汗流为雨泽；身之诸虫，因风所感，化为黎氓。"

　　② 汤惠生：《神话中之昆仑山考述——昆仑山神话与萨满教宇宙观》，《中国社会科学》1996 年第 5 期。

　　③ 张晓明：《〈格萨尔〉的宗教渗透和其形象思想上的深刻矛盾》，《西藏研究》1989年第 3 期。

《英雄诞生》，从《赛马称王》到《降服妖魔》，从《地域救母》到《回归天界》，史诗《格萨尔》以宏伟的叙事模式构建了史诗的框架结构，既贯穿了藏传佛教的轮回观念，又反映了藏族先民朴素的宇宙观念。

（三）宇宙观是古代藏族朴素生态伦理观念的体现

佛教经典认为，宇宙无边无际，众生世界只是其中的一部分，众生世界又被分为"四大部洲"及"日月星辰"等。佛教宇宙学说中的四大部洲为"东胜身洲"（shar-lus-vphags-po）、"南瞻部洲"（lho-vjam-bu-gling）、"西牛货洲"（nub-ba-lang-spyod）、"北俱卢洲"（by-ang-sgra-mi-snyan）。其瑞相，在史诗《格萨尔》所描述的岭国的山山水水，甚至物体、人体中也同样具备。在藏族先民的心目中，岭国是至高无上的，格萨尔也是最神圣的天神，所以格萨尔大王居住的龙宫，就同样有取之不尽、用之不竭的宝藏。这些朴素的唯物主义的意识是在淳朴的自然观的基础上衍生出来的。由此可见，藏族先民不仅很早就追溯宇宙起源，而且也在不断地探讨和感悟大自然，还将一些宇宙观念的词汇表达在文学作品中——如尊贵的权势用"须弥山"来表示；广大的财富用"无边的海洋"来比喻；吉祥可以用"哈达"来象征；统治力量可以用"宝帐"来象征。正如《〈格萨尔〉中的三元象征观念解析》所言：第一，这种象征手法所具备的象征主题是很固定的，即它是通过种种不同的事物来象征人类社会通常所具有的三大社会功能（或者说人类社会不可缺少的三种需要）：权势（统治力量）；勇武（守卫力量）；财富（繁衍生育力量）。第二，这种三元象征多用在对正面人物的形容、赞美方面，尤其是对格萨尔本人，这种象征手法在叙事中是必不可少的。第三，史诗《格萨尔》的许多篇章甚至将所象征的三大主题——即权势、勇武、财富作为一种宇宙间所有力量的汇集，并把这三方面当作一种有内在关系的"主流模式"来看待，使之在具体的叙事中产生不同的演变，以此来达到某一类

"巫术式"的隐喻作用。① 这给人们造成的印象是：史诗的所有的人物也是按照这种模式来分类的——格萨尔与珠牡这对男女主人公是宇宙权势的代表；格萨尔的亲密战友与众武士是宇宙正义守护力量的代表；晁通叔叔等众多被格萨尔征服的对手（包括他的嫔妃）则是宇宙财富——即一种必要的生存基础的代表或化身。② "其三元象征观念是藏族古老的宇宙观在史诗中以文学手法的体现。"③ 无独有偶，蒙古族也认为，"天"源于蒙古博教，博教认为"天"是宇宙的统治者，也是正义的支持者和生命的源泉。"天"作为阳性之源，赋予人类生命；地作为阴性之源，赋予人类形体，所以也就有了天父地母之说法。"天"使人类获得灵魂，也使其降生人间为人。天可以保佑人类，镇压邪恶。④ 可见，各民族朴素的唯物主义的意识，是在淳朴的自然观的基础上衍生出来的。藏族先民的传统生态伦理观念，从一开始就贯穿于他们的哲学思想之中。随着佛教的进一步传播，宗教中的宇宙观念被广泛运用在史诗当中，使得史诗比喻丰富，寓意生动。这从侧面反映了藏族先民在繁衍和发展过程中，其朴素的自然观和宗教的宇宙观贯穿和融入了哲学思想和民间文学作品中，反映了藏族先民试图了解自然、与自然和谐相处的美好愿望。

---

　　① 　孙琳、保罗：《〈格萨尔〉中的三元象征观念解析》，《格萨尔学集成》（第五卷），甘肃民族出版社 1998 年版，第 3507—3508 页。
　　② 　同上。
　　③ 　扎西东珠、王兴先：《〈格萨尔〉学史稿》，甘肃民族出版社 2002 年版，第 380 页。
　　④ 　格日勒扎布：《论蒙古〈格斯尔〉的"天"——腾格里》，《格萨尔学集成》（第五卷），甘肃民族出版社 1998 年版，第 3655—3656 页。

第三章　自然万物生命体系的创立

"万物有灵"观念，是建立在自然崇拜基础上的，这是早期人类认识史上的一个普遍存在的观念，青藏高原的藏族先民也不例外。在历史的岁月里，藏族先民始终遵循着人类认识发展的规律，形成了自然崇拜和万物有灵的观念。随着对自然界认识的提高，藏族先民不仅认为万物有灵，而且还认为人的灵魂可以"离体外寄"而隐藏到其他物体上去。这些鲜活的例子在藏文文献中，尤其是在史诗《格萨尔》中表现得淋漓尽致，使得整个史诗充满了浓郁的宗教色彩和浪漫的神话色彩。

一　灵魂观念的解读

在原始社会早期，藏族先民就产生了灵魂崇拜和灵魂观念的雏形。这种灵魂观念并没有随着社会发展而消失，部分地区甚至至今仍然还保留着原始宗教的习俗，在藏文文献中也有其理论方面的阐释，在民间文学作品中这种鲜活的例子俯拾即是。

藏语中的"拉绍合"（bla-srog），就是汉语所说的"灵魂"，其中包含了三个概念："拉"（bla）（即"魂"）、"绍合"（srog）（即"命"）、"南木西"（mam-shes）（即"识三者"）。① 这三者实际上是

---

① 张怡荪主编：《藏汉大词典》（下册），民族出版社 1993 年版，第 1915 页。

灵魂在不同条件下的三种不同称谓。

在藏传佛教经典《俱舍论》和《戒律论》中，将"命"诠释为"体中暖、识所依"的主要"根器"。《藏汉大词典》则解释说：自体存活之力以及呼吸气息为"命"，"命"亦"名寿"或"生气"。① 该词典接着又进一步阐释："南木西"（mam-shes）指分别思维各自所缘之心，总指眼识乃至意识等六识。② "拉""绍合""南木西"三者在《俱舍论》中被阐释为："识（mam-shes）所依是寿命（tshe-srog）。"《噶尔泽》（dkar-rtsis）说："拉（魂）是绍（命）所依。"《藏汉大词典》解释为："绍合"（srog）为"命"或"生命"。"寿、命、魂三者"之关系，在"佛书中以灯火比喻人生寿、命、魂三者互相依存之状，为寿如油灯，命如灯芯，魂如灯焰"。③ 如《俱舍摄义》所说："命寿（srog-tshe）为一。"④《俱舍摄义释文》认为："无论如何，命与寿的区别有多种说法：一种说法，二者没有区别；另一种说法，前世之业果是寿，今世之业果是命。"⑤

这就是说，依附在人体的灵魂为"拉"，可以作为人的生命之本，也可以作为个体的精神体现，一旦人身上的"拉"消失，其载体生命就表示终结；"拉"可以离开人体而远游，也可以寄存在物体之上，"拉"即灵魂有"不灭"之特征——寄存"拉"的树被称为"拉兴"（bla-shing），即"灵魂寄存树"；寄存"拉"的石被称为"拉道"（bla-rdo），即"灵魂寄存石"。在民间文学作品中，还出现有"拉日"（bla-ri），即"寄魂山"；"拉错"（bla-mtsho），即"寄魂湖"，等等。

灵魂观念很早就已经成为藏族同胞宗教文化的重要组成部分。这

---

① 张怡荪主编：《藏汉大词典》（下册），民族出版社1993年版，第2987页。
② 张怡荪主编：《藏汉大词典》（上册），民族出版社1993年版，第1572页。
③ 张怡荪主编：《藏汉大词典》（下册），民族出版社1993年版，第2283页。
④ 恰日·嘎藏陀美整理：《贡唐丹贝仲美大师文集选编》，甘肃民族出版社2001年版，第263页。
⑤ 毛尔盖·桑木丹：《俱舍摄义释文》，民族出版社1996年版，第73页。

在史诗《格萨尔》中有非常生动、形象的表达：

> 上玛地荡漾着一湖泊，
> 宽阔的水面上翻金波，
> 金色天鹅嬉水起又落，
> 这是长系的寄魂湖泊。
> 中玛地荡漾着一湖泊，
> 宽阔的水面上翻翡翠波，
> 松石色水牛横卧其中，
> 这是中系的寄魂泊湖。
> 下玛地荡漾着一湖泊，
> 宽阔的水面上翻银波，
> 雪白的海螺逍遥其中，
> 这是幼系的寄魂湖泊。①

其形象地描述了岭国的灵魂寄存在玛域地区三个圣湖中。

二　灵魂寄存体系

在藏文文献中，灵魂寄存的物体被称为"拉内"（bla-gnas），即灵魂寄存处。寄魂物体可以是山川河流和湖泊，也可以是花草树木和飞禽走兽等。以史诗《格萨尔》为例，笔者梳理其特点，并归纳为以下两大体系。

（一）岭国的灵魂寄存系统

史诗《格萨尔》描述，自格萨尔称王后，岭国有各路英雄豪杰相助，风风火火成就霸业，降服四方妖魔，所向披靡。究其原因，完全

---

① 青海省民间文学研究会搜集翻译：《征服大食》，青海民族出版社，第317页。

得益于强大的灵魂体系的相助。岭国的英雄豪杰都将各自的灵魂寄存于灵魂寄存物上；甚至各大、小部落也有各自的灵魂寄存物。岭国的寄魂鸟（gling-lha-sde-bla-bya）有三种：

> 白仙鹤是岭国鸟，黑乌鸦是岭国鸟，花喜鹊是岭国鸟。这是……三种寄魂鸟。①

格萨尔的寄魂山是"玛沁奔热"（阿尼玛沁雪山），寄魂湖是"扎陵、鄂陵和卓陵"三湖。格萨尔王的叔叔绒擦查根将灵魂寄存在"朗拉古通卓奥丹"（gling-lha-gur-mthong-grol-vod-ldan，解脱光明大神帐）。嘉洛、鄂洛和卓洛三部落分别将自己的灵魂寄存在"扎陵、鄂陵和卓陵"三湖。而董氏②长、中、幼三支亦有各自不同的灵魂寄存物，长支寄魂于大鹏，中支和幼支分别寄存在青龙和雄狮上。

（二）　其他部落的灵魂寄存系统

史诗《格萨尔》表现了爱憎分明的主题。正义势力有庞大的灵魂寄存系统，邪恶势力也有强大的灵魂寄存系统。尽管如此，最终邪恶势力还是被正义势力所降服，即邪不压正。邪恶势力有天魔、赞魔、木魔和龙魔四种魔王。魔国的鲁赞王、霍尔国的黄帐王、黑帐王、白帐王、姜国的萨丹王，就是这四种魔王的化身。邪恶势力的寄魂物更是数不胜数，比如霍尔国三王的寄魂树和九件宝。史诗《格萨尔》这样描述：

> 在那金制宝座的里面，有一棵白螺的生命树，它是白帐王的生命柱；有一棵黄色黄金生命树，它是黄帐王的生命柱；有一棵

---

① 王兴先主编：《降魔篇》，《格萨尔文库》（藏文版）（第一卷），甘肃民族出版社2000年版，第921页。

② 董氏，在不同的翻译本中，还有译为冬氏、栋氏者，由于引文中应尊重原译，故本书中不作统一处理。

黑色铁的生命树，它是黑帐王的生命柱；是我三大王的生命树。①

……

霍尔国有上等九件宝，一是一口寄魂锅，二是一副霹雳甲，三是一块寄魂铁，四是一颗白璁玉，五是一块银巴扎，六是摄取花精衣，七是三对金蟾蜍，八是万物同辉金屋顶，这些也已归岭国。②

敌国龙魔鲁赞王的寄魂物有多种，寄魂牛是红野牛（vbrong-zangs-rwa-dmar-po），寄魂湖是黑魔谷湖（bdud-lung-nag-pu），寄魂山是九间铁围宫（lcags-ra-rtse-dgu），寄魂鸟是共命鸟王（bya-shing-ba-shang-shang-rgyal-po），寄魂树在森林。霍尔国三王（白帐王、黄帐王和黑帐王）分别将其灵魂寄存在白、黄、黑三头野牛身上。霍尔四十九代大王的寄魂山是"德载萨瓦泽"（sdag-rtse-gsal-bavi-rtse，明亮虎峰）。霍尔王的寄魂鱼是"寄魂鱼三兄弟"。白帐王的寄魂宝刀（bla-gri）是"挥斩千军的拖把镇国宝刀"（gri-stong-sde-sha-gzan），"刀背能砍断牛腿，刀尖能剔骨剔髓，刀刃可挑断虎颈，刀把能舂捣谷米，刀光能映照人像，刀锋能斩杀飞蜂，刀面如流水细滑"③，寄魂鸡叫作"沙鸡九兄弟"（bla-bya-sreg-pa-spun-dgu）。黑帐王的寄魂山是"索日安沁山"（sol-ri-rngam-chen），林中的大树是霍尔黑帐王的寄魂树。

当霍尔国被岭国征服后，霍尔国的"九件宝贝"也成为战利品而落入岭国将领手中，其中有霍尔王寄魂的寄魂物，还有寄魂锅。寄魂锅价值连城，"四面四个铜耳环，它会带来牛福运，里面能具奶精华，外面绘有吉祥图"。④

---

① 王兴先主编：《降霍篇》，《格萨尔文库》（藏文版）（第一卷），甘肃民族出版社2000年版，第1373页。
② 同上书，第1457页。
③ 同上书，第1396页。
④ 同上书，第1457页。

　　归结起来，无论是代表正义的岭国还是代表邪恶势力的其他国，其灵魂寄存系统不外乎有以下四类：第一，自然物：山、湖、岩石、玉；第二，动物：野牛、飞禽、走兽、水生物、爬虫；第三，植物：树木；第四，物体：帐篷、锅、宝剑、铁、箭。由此可见，灵魂寄存物丰富多样，皆具神奇的功用。单从岭国众多的灵魂寄存物而言，选定的寄魂物，与藏族先民生存的地理环境有着密切联系，也和早期信仰的图腾崇拜密切相关。如阿尼玛沁雪山当为传说中的岭国最高大、最险峻的山峰，人们视其为地域保护神，所以就成为岭国和格萨尔王的寄魂山。"扎陵、鄂陵和卓陵"三湖是岭国境内最圣洁的湖泊，是生命的源泉，所以被人们选定为岭国各英雄的寄魂物，一切似乎都在情理之中。

三　灵魂寄存观的文化表达

　　在史诗《格萨尔》中，主要以"消灭恶魔""伸张正义"为基本内容。其主要情节为：在危急关头，捣毁对方灵魂寄存处，制服敌人，转危为安。在降服鲁赞王的故事①中，爱妃梅萨被鲁赞王抢走，面对劲敌，格萨尔无可奈何，为了智取，只能先弄到降伏鲁赞王的秘诀——捣毁寄魂物"拉内"，才能有获胜的可能。鲁赞王在梅萨的哄骗下，道出了秘密：灵魂寄居的位置在黑魔谷（bdud—lung-nag-pu），寄魂山是九间铁围宫（lcags-ra-rtse-dgu），寄魂鸟是共命鸟王（bya-s-hing-ba-shang-shang-rgyal-po），寄魂树在森林。格萨尔依此进攻，弄干寄魂湖、砍断寄魂树、杀死寄魂牛，"与此同时，天神、赞神和龙神又把愚痴和沉迷降到鲁赞王的身上，鲁赞王从此便不分昼夜，处在半死半活的昏迷状态中"。最后，"格萨尔挥起红刃断尘宝剑，拦腰把老魔砍作两段"，终于制服鲁赞王，搭救出了梅萨。

---

　　① 王兴先主编：《降魔篇》，《格萨尔文库》（藏文版）（第一卷），甘肃民族出版社2000年版，第866—867页。

史诗《格萨尔》对此主题，多浓墨重彩，大加描述。比如格萨尔在降服霍尔国三兄弟的过程中，灵魂寄存的文化表达就描写得十分引人入胜。

霍尔国三兄弟，凶狠残暴，拥兵百万，就在格萨尔率兵降服北方妖魔之际，乘机血洗岭国，抢走了妃子珠牡。格萨尔得知后，万分沮丧，只身前往霍尔国。格萨尔不敢轻举妄动，首先求助卦师，摸清了霍尔国三兄弟的灵魂寄存物分别是——黄野牛是黄帐王的寄魂物，白野牛是白帐王的寄魂物，黑野牛是黑帐王的寄魂物。格萨尔于是变成一只大鹏金翅鸟，砍掉了黄野牛、白野牛和黑野牛的角。黄帐王、白帐王、黑帐王这霍尔国三兄弟身患重病。格萨尔趁机潜入王宫。格萨尔再次向卦师求得彻底降伏他们的秘法，使用法术在三头寄魂牛的头上钉了铁钉，霍尔国三兄弟病情加重了，格萨尔依次砍倒了寄魂树、捣毁了寄魂山。白帐王顿时从宝座上摔了下来，站在一旁的宠儿阿吉也脑浆迸裂。[①] 格萨尔终于救回了爱妃珠牡。

在格萨尔降服朱古国王的故事中，有关捣毁灵魂寄存处的描述更加曲折。朱古国国王宇杰托桂扎巴武艺高强，在岭国与朱古国之间的一场恶战中，格萨尔命王子扎拉孜杰率兵出征，征战数年，未能取胜。天母贡曼嘉姆向王子扎拉孜杰讲道："宇杰托桂扎巴的寄魂物有五个：一是黑熊谷中的大黑熊，二是天堡风崖上的九头猫头鹰，三是罗刹命堡大峪谷的恐怖野人，四是巴玛毒海的九尾灾鱼，五是富庶林海中的独脚恶鬼树。朱古国诸位大臣的寄魂物有凶猛的黄熊与红虎、华丽的豹子、强壮的苍狼，都藏在稀奇的黄金洞里。扎拉孜杰啊！要想降伏朱古国君臣，先要消灭他们的寄魂物。"王子扎拉孜杰听了以后，仍未取得战果。在岭国除了精通巫术的晁通，无人知晓敌人的灵魂寄存处。晁通道出了办法："九头猫头鹰该由长系赛巴消灭；恐怖野人该由达仲系文布消灭；九尾灾鱼该由幼系的穆姜氏消灭；独脚恶

---

① 王兴先主编：《降霍篇》，《格萨尔文库》（藏文版）（第一卷），甘肃民族出版社2000年版，第1397页。

鬼树应由达绒部落消灭；那宇杰托桂扎巴的第一寄魂物大黑熊该由岭国君臣十人前去消灭。"于是，岭国大军在晁通的带领下展开激战，劈死苍狼，砍死黄熊，格杀豹子，杀死猛虎，射死黑熊，众英雄剥开大熊，取出三颗弹丸，天魔神、地魔神、空魔神同时绝命，众魔纷纷命丧黄泉。

长系赛巴率军消灭了九头猫头鹰，达绒部落军队消灭了独脚恶鬼树，幼系的穆姜氏军队消灭了九尾灾鱼，达仲系文布消灭了恐怖野人。朱古国诸位大臣的寄魂物被灭后，岭国大军顺利攻下朱古国，消灭了罪大恶极的朱古国王。①

从藏文文献资料不难看出，灵魂寄存不仅是藏族同胞的生态伦理观念的重要内容，也是文学创作中独特的文化表达——成就了英雄，也延续了英雄的生命，使得英雄不败、英雄不死，从而坚不可摧，战无不胜。正是基于此，藏族同胞的生态伦理观念中的灵魂寄存现象，在藏族同胞的生产、生活中产生了重要影响。

四　结语

通过对苯教和藏传佛教中的灵魂观念进行归纳和分析，我们可以看出，灵魂观念和灵魂寄存观念有如下特征：

（一）这种观念由来已久

灵魂观念和灵魂寄存观念的产生历史极为悠久。根据藏文文献记载，藏族先民的"董、珠、扎、廓、噶"五大氏族各自都有灵魂寄存的说法，他们都将灵魂寄存在动物身上。"董氏属土，灵魂托于鹿；珠氏属水，灵魂托于牦牛；扎氏属金，灵魂托于野驴；廓氏属火，灵魂托于山羊；噶氏属木，灵魂托于绵羊。这就是著名的五大氏族。"②

---

① 东孔整理：《祝古兵器宗》（藏文版），甘肃民族出版社1987年版。
② 南卡洛布：《藏族远古史》（藏文版），四川民族出版社1990年版，第128页。

灵魂寄存在动物身上的现象，在史诗《格萨尔》中更是不计其数。董氏三支分别将灵魂寄于大鹏、青龙和雄狮身上；岭国的寄魂鸟是白仙鹤、黑乌鸦、花喜鹊；霍尔国三兄弟的灵魂分别寄存在白、黄、黑三种野牛身上等。无独有偶，在弗雷泽的《金枝》一书中，槲寄生象征着祭祀权利，也象征着生命，灵魂寄存在槲寄生身上。灵魂寄存的这种信仰和习俗，是一种普遍的原始宗教思维，它展示了各民族远古时代的一种文化信息。由此可知，藏族同胞的灵魂寄存观由来已久。凡此种种，都体现了藏族原始文化的重要特征。

（二）　这种观念是塑造人物形象的母题

通过以上实例，我们可知，藏族同胞的灵魂观念有着重要的特征，那就是：其主要作用和目的在于保护自己的生命不受侵害并延续自己的生命长生不止；寄魂物体就是生命的坚强堡垒，有了它就可以确保生命安全，甚至在死亡之后其生命还能延续下来，可以实现灵魂不灭的梦想；如果捣毁其寄存物或寄存处，使其灵魂受到了损伤，其生命也就岌岌可危了；只有更好地保存灵魂，在千钧一发之际，灵魂才能发挥重大作用。在这种观念的驱使下，灵魂寄存成了与文学作品相生相伴的重要内容。在史诗《格萨尔》中，当格萨尔与敌军对垒时，摧毁对手灵魂寄存的手段被利用得极为玄妙——不直接对垒，而是设法找到敌人的寄魂物并将其摧毁，就能轻易地制服和消灭对方。在藏族先民的观念中，高山大川、河流湖泊、飞禽走兽，都可寄存灵魂。这充分反映了藏族文化的博大精深和史诗说唱艺人丰富的想象力以及超群的智慧。这种自然崇拜和万物有灵的观念，在文学作品中得到了淋漓尽致的表现，也成为塑造人物形象的重要母题。

（三）　这种观念是成就英雄的基石

通过对灵魂观念习俗的特征分析可知，在文学作品中描写的人物并不是一个独立的主体，而是由躯体、灵魂和灵魂寄存物三部分组成。灵魂是躯体的精神支柱，而灵魂寄存物则是灵魂的生命存在，其具有神秘性和不可知性。寄存物是生命的核心,灵魂是生命的中介,而躯体仅仅是生命的载体,寄存物被捣毁了,灵魂就像鱼没有了水,自然躯体也就失去了存在的价值。人(或动物)可以有一个或者众多个灵魂,自身可以有灵魂,灵魂也可以寄存;灵魂越多,生命力就越强,也就越不容易受伤。"无论是英雄或是恶魔都是这样。"① 藏族同胞正是在藏族传统文化中的生态伦理观念的支配下,才使得青藏高原的生态环境得到很好保护;也正是由于这些伦理道德的影响,藏族文化才能大放光彩。在民间文学中,灵魂观念既是塑造各种人物形象的母题,又是文学创作的基石。正是这种特定的表现形式,不仅塑造了各种人物形象,而且也推动了故事情节的跌宕起伏发展。灵魂观念不仅具有深厚的文化内涵,而且更是藏传佛教文化的核心内容。它是英雄史诗创作的重要基石,从而也奠定了藏族先民生态伦理观念中的"万物有灵"和"灵魂不灭"的理论基础。

---

① 降边嘉措:《格萨尔论》,内蒙古大学出版社 1999 年版,第 215 页。

第四章　自然界人格化体系的建立

　　崇尚山水的习俗，是藏族先民在认识自然的过程中逐步形成的。这种一脉相承的自然崇拜观念，在历史的长河中以特定的方式传承，一直延伸到现代生活的各个方面，成为藏族同胞现实生活中的一种文化习俗，也成为藏族同胞宗教文化的一项重要内容。①

　　阿尼玛沁雪山坐落在青海果洛，原本是一座普普通通的雪山，但藏族同胞特别是生活在这座雪山脚下的藏族同胞对其十分崇拜。此山不仅变成了一座令人敬畏的神山，而且还被人格化——不仅成为藏族同胞的"十三大山神"之一和"东方的大神"，甚至被当作"念神""战神""祖先神"来敬仰。通过画师的描绘，其具体的形象被历朝历代信众供奉，甚至清廷曾派员前往祭祀。

　　翻阅藏文文献，同样有大量的"龙神"信仰的实例，龙的形象不仅是藏族同胞喜爱的一种特殊的符号，还连接了中华民族的情感和对中华文明的认同。"龙宫"是财富的象征，"龙女"同样是母亲的象征。这些独特的民俗，构成了藏族地区丰富多彩的民俗文化。

---

　　①　丹曲：《试述阿尼玛沁山神的形象及其宗教万神殿中的归属》，《安多研究》2005年第 2 辑，第 200—201 页。

一　山神（念神，gnyan）的人格化

（一）作为"念神"的山神

在传统宗教习俗中，藏族先民将阿尼玛沁雪山①作为"念神"②来崇拜。据《阿尼玛沁山神祭文》记载，阿尼玛沁山神③是"扎拉（dgra-lha，御敌之神）之王、众念（gnyan-lha，念神）之主"。在藏族传统文化中，"念"为原始苯教文化中的神灵。原始苯教倡导"万物有灵的信仰"，崇拜天地日月、雷电草木等一切万物，认为苯教具有占卜、祈福禳灾、治病除疾、役使鬼神等功能。在苯教经典《十万经龙》（klu-vbum-dkar-po）④中，把世界分为三个部分（khams-gsum），即"天"由"赞"（btsan）管理，"地"由"念"（gnyan）

---

① "阿尼"（a-mye）在藏语安多方言中的字面意思为"祖父""外祖父"。按照安多藏区的传统习俗，在山神前冠以"阿尼"二字，以示尊崇，如"阿尼念青"（a-gnyan-chen）"阿尼妈妈""阿尼斯"（a-gnyan-sras）等。"玛沁"（rm-chen）的字面意思可理解为"大玛神山"，其中"玛"字，颇为难解，《藏汉大词典》中，解释为"疮伤""过失"；在史诗《格萨尔》中有时还称其为"玛嘉奔热"（rma-rgyal-sbom-ra）；在祭祀文献中，玛沁山神有"玛类神三百六十个"（rma-rigs-gsum-brga-drug-ju）眷属，其中有一种专生瘟疫的"念神"也被称之为"玛"；黄河发源于阿尼玛沁雪山下的扎陵湖和鄂陵湖，藏语为"玛曲"（rma-chu），意为"玛神之水"。"阿尼玛沁"可理解为"祖先大玛神山"。

② "念"（gnyan），是藏语音译，分黑、白两类，居于天空的称为"白念神"（gnyan-dgar），居于地上的称为"黑念神"（gnyan-nag）。"念神"易被触怒，一旦冲犯了"念神"，就会招致疾病和死亡。人们认为鼠疫一般是"念病"。自然灾害与"念"有关，"念神"常以猎人的形象巡游在高山峡谷间，凡是经过高山雪岭、悬崖绝壁、原始森林等地方，人们都须处处小心，不能高声喧哗，以免触犯到"念神"而患病甚至死亡。因此，"念神"被人们称为最灵验的神。

③ "玛嘉山"即阿尼玛沁雪山。据藏文文献记载，阿尼玛沁山神的别名有"觉吾相格尔瓦"（jo-bo-phying-dkar-ba）、"觉吾奈瑟"（jo-bo-ne-ser）、"穆洪觉吾坚赞"（dmag-dpon-jo-bo-rgyal-mtshan）、"噶丹兆格盖念"（dgavi-ldan-vbrog-gi-dge-bsnyen）、"多吉华咱"（rdo-rje-dbavi-rtsal）、"依达合多吉华旦"（zhi-bdag-rdorje-dpal-ldan）、"额穆加"（ngom-rgyal）、"盖念觉吾坚赞"（dge-bsnyen- jo-bo- rgyal-mtshan）等多种称谓，是属于藏区九尊神中最为古老的山神之一。参见恰日·嘎藏陀美编著《藏传佛教僧侣与寺院文化》（藏文版），甘肃民族出版社2001年版，第249页。

④ 《十万经龙》，全称《白、黑、花十万经龙》（klu-vbum-dkar-nag-khra-gsum），相传是苯教祖师辛饶弥吾亲口所讲的一部经典，分上、中、下三部，简称《十万经龙》。

主管，"地下"由"鲁"（glu）分管，各有其主，各辖其地。"赞神"居住在天空，"念神"居住在地上，"鲁神"居住在水中。在苯教文化盛行时期的藏区，由于生产力水平低下，藏族先民认为自然界的一切都具有人一样的灵魂。这些灵魂（rnam-zhes）又被转化为无形的精灵和神灵，它们欢喜时能造福于人类，发怒时就会降祸于人类。"念神"在神灵中具有重要地位，司雨水、冰雹、雪灾、干旱等。有学者这样讲道："山神也是苯教的重要崇拜对象。苯教教徒认为山神之所以成为'年神'，是因为山是'年'（即'念'）的附着之地。"① 据说，"念神"的活动场所一般在高山峡谷中。"念神"的种类有很多，传说位于西藏北部的念青唐古拉（gnyan-chen-thang-lha）山神就是早期苯教的一尊大"念神"。藏区有"四大念神"之说，分别是"东方念神玛沁奔热""南方念神伊杰玛本""西方念神念青唐古拉""北方念神俊沁唐热"。② 这"四大念神"保护着青藏高原的土地和百姓，其中阿尼玛沁雪山是东方安多藏区的大"念神"。③

（二）作为"御敌之神"（扎拉）的山神

对于大"念神"的阿尼玛沁雪山，人们还将其当作"扎拉"来加以崇拜。"扎拉"（dgra-lha）系藏语，可以解释为"御敌之神"（dgra-vbab-gyi-lha）。④ 藏族先民一般认为人的灵魂不止一个，人可以有多个灵魂，其功能各不相同，除了"体魂"之外，它们或寄居于飞禽走兽，或寄居于高山湖泊，或寄居于花草树木。"战神"也是其中的一种，正如史诗《格萨尔》所描述的：

---

① 格勒：《论藏族文化的起源形成与周围民族的关系》，中山大学出版社1988年版，第195页。

② 降边嘉措：《格萨尔论》，内蒙古大学出版社1999年版，第197页。

③ 果洛藏族自治州地方志编纂委员会编：《果洛藏族自治州志》（上册），民族出版社2001年版，第92页。

④ 张怡荪主编：《藏汉大词典》，民族出版社1993年版，第467页。

　　　　招之即来的战神，

　　　　战而能胜的战神，

　　　　杀敌即死的战神，

　　　　战地取胜战神用烟供。①

　　"战神"有着举足轻重的作用。岭国将士每逢出征，为了保佑将士平安归来，都要祭祀"战神"。在《格萨尔》中，有两位重要的"战神"，一位称"格佐"（ge-mdzod）②，另一位称"威尔玛"（wer-ma）③，

---

　　① 王兴先主编：《诞生篇》，《格萨尔文库》（藏文版）（第一卷），甘肃民族出版社2000年版，第442页。

　　② 在《格萨尔》中众"战神"的首领是"格佐"，藏语全称"格念青佐"（gnyan-chen-ge-mdzod）。谢继胜认为，其为史诗中"拉念"（lha-gnyan）和"赞格"（btsan）结构中"念"（gnyan）或"赞"（btsan）的主神，在《诞生之部》中被称为"念德合扎拉左吾"（gnyan-stag-dgra-blvi-gtso-bo）或"格佐念布"（dge-mdzo-gnyan-po）。在扎巴说唱本《仙界占卜九巫》中有"中界赞域念青尊神格佐"（bai-btsan-yul-nas-gnyan-chen-sku-lhager-mdzo）或"中界赞域念青尊神格佐等赞神三百六十位"（bai-btsan-yul-nas-gnyan-chen-sku-lhager-mdzo-dang-bcas-btsan-rgod-sum-brgya-drug-cu）的叫法。谢继胜指出：这"表明了念青唐古拉与念青格佐的关系：格佐只是念青唐古拉的体神（即体魂）"。参见谢继胜《战神杂考》，《格萨尔学集成》（第五卷），甘肃民族出版社1998年版，第3721页。这种结论，还有待于我们做更进一步的研究。因为藏语"念青"意为"大念"或"大念神"，属于"念"一类的山神，都可以冠以"念青"二字。谢国安认为，格佐应该是德格玉龙地区的一座大山神。石泰安先生曾发现，在《煨桑祭文》中，格佐是被称为扎曲和山脉的地方神（土地神鲁念），其后便是玛沁蚌拉山，即玛域的地神。参见［法］石泰安著，耿昇译，陈庆英校订《西藏史诗与说唱艺人的研究》，西藏人民出版社1993年版，第254页。

　　③ "威尔玛"（wer-ma），其特点是保护人们不受敌人伤害，帮助人们战胜敌人。威尔玛是一组由动物组成的"战神"，是诸神的化身。藏语称为"威尔玛吉松"（wer-ma-bcu-sum），即"十三威尔玛"，分别为：第一，"朗穷玉吉梅朵"（snang-chung-gyu-yi-me-tog）；第二，"戎嚓贡格玛尔赖布"（rong-tsha-gung-gi-dmar-leb）；第三，"穆培谢噶坚扎"（mu-pavi-she-dkar-rgyang-grags）；第四，"温吾兼禅捏年青"（vom-bu-spyang-khring-rngam-chen）；第五，"觉额帕色达瓦"（bco-lngavi-dpav-gser-zla-ba）；第六，"贡帕部依夏查"（gung-pa-bu-yi-shya-khra）；第七，"基那鹏布桑桑"（lcags-nag-dpon-po-seng-seng）；第八，"玉亚贡帕东塔"（gyu-yag-mgon-po-stong-thub）；第九，"东赞南额阿帕"（gdong-btsang-snang-ngo-a-dpal）；第十，"高帕尼玛龙珠"（rgod-povi-nyi-ma-lhun-grub-）；第十一，"嘉洛吾雅合周嘉"（skya-lovi-bu-yag-vbrug-rgyal）；第十二，"色帕吴群塔亚"（gser-pavi-bu-chung-thar-yag）；第十三，"阿帕吴依膨大"（a-vbar-bu-yi-vphen-stag）。它们是其他神派所化现的。据相关资料表明，格萨尔的"十三战神"也分别是由"马头明王""贡曼嘉姆""大神梵天王""帝释天王""念青唐古拉山神""玛嘉奔热山神""宝帐护法""冬琼嘎波""多闻财神""红火神""珠贝杰姆"等诸神所化现的。

都是岭国的"战神"，而后者还是格萨尔的"战神"。

在史诗《格萨尔》中，每当岭国将士处于千钧一发的危急时刻，就要呼唤"战神"，"战神"可以呼之即来，也可以挥之即去。"战神"在危急时刻会保佑人们，于平常之时也可护佑人们。在《霍岭大战》中，王妃被霍尔王鲁赞抢走，格萨尔只身闯进霍尔国搭救，遇到了长有五个头的牧羊倌要与他挑战，胜负难料。牧羊倌将九只公羊、九只母羊、九副铠甲、九口整锅、九副鞍木作为靶子，进行了射箭比试。格萨尔在拔箭之际祈请"战神"：

> 呼请白梵天王兵，
> 呼请顶宝龙王兵，
> 呼请黄色念神兵，
> 今天为我做后盾！
>
> 箭如电舌红霹雳，
> 要将箭把全射穿。
> 所立箭靶一箭碎，
> 才能满足我心愿。
> 接着你这神披箭，
> 还要能够自飞还。
> 箭筒神来作保护，
> 利众事要放心间！
>
> 南曼噶姆保护弓上端，
> 弓下端请顶宝龙王保护！
> 战神王母请把箭镞引，
> 红夜叉把扳手来保护！
> 带着毒气云雾作先导，
> 猛降电舌冰雹把阵助！

　　平时供奉依靠的神祇，

　　忙时快快降临莫误时！

　　从小刻苦练就的箭功，

　　关键时刻不可有偏离！

　　然后，只见神箭铺天盖般地射向靶子，接着每支箭又返回到箭筒里。牧羊倌最终被吓得魂飞魄散。① 在古代冷兵器时代，部落战争往往要靠刀、矛等武器作战，短兵相接，伤亡很大。史诗《格萨尔》中的岭国将领即便被击中要害，也会在"战神"的暗中护佑下安然无恙。作为"战神"的阿尼玛沁还常常赤膊上阵，亲自征战。《穆古骡宗》写道，在穆古国与岭国的一次战争中，穆古国首领龙君亲自上阵，岭国百余将士惨死。"正在这时，玛嘉奔热山神化作闪光耀眼的白人白马，在十名幻身侍从的护拥下，前来助战。"② 在另一次战斗中，阿尼玛沁山神化作红人红马前来帮助岭国将士。

（三）作为父神的山神

　　在安多地区，流传着许多关于阿尼玛沁山神的民间传说。阿尼玛沁山神还常常以父神的形象出现，有时也像国王一样拥有大臣和将军，更拥有管家和千军万马。阿尼玛沁还有家眷，其中父王、母后、王妃、舅舅、公主等应有尽有，家族十分庞大，他们居住在九层白玉琼楼阁宝殿中。阿尼玛沁山神的眷属和侍卫集中居住的地方叫"热格尔东香"（意为"千顶帐房群"），也是十六位菩萨的寄魂山。③ 这些传说，与现实生活中的果洛一带众多的山峰可以对号入

---

　　① 王兴先主编：《降魔篇》，《格萨尔文库》（藏文版）（第一卷），甘肃民族出版社2000年版，第905页。

　　② 彦顿唐丁·次旺多杰整理：《木古骡宗之部》（藏文版），西藏人民出版社1982年版，第145页。

　　③ 果洛藏族自治州地方志编纂委员会编：《果洛藏族自治州志》（上册），民族出版社2001年版，第210页。

座。其父王名叫"帕垭·赛日昂约"（意为"金贵犀牛山"）①，其母后名叫"马英·智合吉加尔莫"（意为"威猛女王山"）②，其伴偶名叫"桑伟雍庆·贡曼拉热"（意为"天界仙女山"）③，其舅舅名叫"香吾·帕日智合让"④，其大臣名叫"龙宝格同智尕尔"（意为"短善白岩山"）⑤，其管家称"尼尔哇·章吉夏嘎尔"（意为"客欢白脸山"）⑥，领诵经文的经头名叫"安确·卡赛巴尼"（意为"黄顶和尚山"）⑦。他们每个人都有一个山峰的名称，当地人们都能一一说出他们的名字来。⑧

章嘉绕贝多吉也曾为阿尼玛沁山神撰写过祭文。在《玛沁奔热祭文》（rma-chen-spom-ravi-gsol-mchod-bzhugs-so）中对该山神的眷属和伴臣作了概述。阿尼玛沁山神有密法大伴偶，还有九个儿子、九个女儿、三百六十个"玛"系兄弟。⑨藏族著名学者三世贡唐仓活佛也曾撰写过祭文《玛卿伯姆热福运如意悦海》（rma-chen-spom-ravi-gyng-vbod-phun-tshogs-vdod-dgu-rol-mtsho-zhes-bya-ba-dang-rgyal-gsol-mjug-tu-sbyar-rgyuvi-gyang-vbod-bcas-bzhugs-so）。阿尼玛沁除了以上提到的眷属外，还有"四大念神"⑩和居住在西方的四大女神⑪等伴神⑫。女神

---

① 位于阿尼玛沁峰的西北部，距阿尼玛沁峰24公里，主峰海拔五千二百多米。
② 位于阿尼玛沁峰的北侧，紧贴着阿尼玛沁峰，海拔五千六百米。
③ 位于阿尼玛沁峰的北面10公里的地方。
④ 位于阿尼玛沁峰的西部8公里处，主峰海拔五千多米。
⑤ 位于阿尼玛沁峰的西北部，距阿尼玛沁峰22公里，主峰海拔四千九百多米。
⑥ 位于阿尼玛沁峰的西北部，主峰海拔四千七百多米。
⑦ 位于阿尼玛沁峰的西侧，主峰海拔五千三百多米。
⑧ 果洛藏族自治州地方志编纂委员会编：《果洛藏族自治州志》（上册），民族出版社2001年版，第210页。
⑨ ［奥地利］勒纳·德·内贝斯基·沃杰科维茨著，谢继胜译：《西藏的神灵和鬼怪》，西藏人民出版社1993年版，第243页。
⑩ "四大念神"是"俊钦懂查""叶钦热德""珠钦懂俄噶尔肖""念钦唐拉神"。［奥地利］勒纳·德·内贝斯基·沃杰科维茨著，谢继胜译：《西藏的神灵和鬼怪》，西藏人民出版社1993年版，第243页。
⑪ 四大女神是东方的"次丹玛"（ze-drtan-ma）、南方的"周嘉玛"（vbrug-rgyal-ma）、西方的"帕切玛"（phan-byed-ma）和北方的"才增玛"（tshe-vdzin-ma）。
⑫ 才让：《藏传佛教民俗与信仰》，民族出版社1999年版，第92页。

多吉查姆（rdo-rje-drug-mo-rgyal）也被认为是阿尼玛沁山神的伴侣。①

据藏文文献记载，阿尼玛沁的眷属和伴神分布在整个安多地区，从才旦夏茸所著的祭文中可以知道，藏传佛教后弘期的发源地——青海化隆的丹斗寺附近的"阿玛琼莫曼宗多吉玉卓"是阿尼玛沁山神的女儿。② 阿尼玛沁山神有眷属和侍卫，但也有敌人。他的敌人是阿尼念青（即太子山）（a-myes-gnyn-chen）山神。③ 阿尼念青和阿尼玛沁相距数百公里，为什么是敌对势力呢？这个问题在石泰安先生的著作中作了交代："玛卿（沁）山是黄教派的保护神，念青山则是红教派的保护神。他们不可能融洽相处。念青曾劫持了玛卿（沁）的妻子，玛卿（沁）追击它，并向其右眼射去一箭，从而使之变成了瞎子。念青被拉卜楞寺的第二位活佛④所镇伏，从此之后也变成了黄教的保护神。"⑤

据《玛沁奔热娶龙神措曼国玛为妃子的神话》⑥ 记载，阿尼玛沁山神作为雪域尊神沃德贡杰的第三个儿子"守护东方"，是黄河源头最大的神，他娶了"天神""念神""龙神"为妃子，并将龙神措曼国玛从东海带来的十三颗珍宝，赐给属下的玛域十三位山神，他还在黄河里撒金沙，造就了"黄河上游为大地吉祥园"，让黄河源头的人们因此过上了幸福生活。阿尼玛沁山神俨然成为父神的象征。在《苯

---

① ［奥地利］勒纳·德·内贝斯基·沃杰科维茨著，谢继胜译：《西藏的神灵和鬼怪》，西藏人民出版社1993年版，第243页。

② 才让：《藏传佛教民俗与信仰》，民族出版社1999年版，第92页。

③ 阿尼念青山，坐落在甘肃甘南与临夏的交接处，主峰在夏河境内，北面是临夏与和政。这座山神被藏族、回族以及汉族共同崇信。这座圣山，在不同的季节里，不断被不同民族的信仰者朝拜。该山同阿尼玛沁山一样，也有一套完整的山神体系，其左右两侧坐落着其妃子和儿子，妃子藏语称"阿尼玛玛"（a-myes-ma-ma），儿子藏语称"阿尼斯"（a-myes-sras），在他们的正前方还有打碾庄稼的场地，藏语称"内浑"（nas-suungs），意为"青稞场"（1986年笔者在夏河县民政局地名普查办公室工作时考察所得）。

④ 拉卜楞寺的第二位活佛，指的是寺主二世嘉木样大师。

⑤ ［法］石泰安著，耿昇译：《西藏史诗与说唱艺人的研究》，西藏人民出版社1993年版，第648页。

⑥ 《玛沁奔热娶龙神措曼国玛为妃子的神话》，载果洛藏族自治州民间文学集成办公室编《果洛民间故事选》，第226页。

教师勒辛本玛娶玛沁山神的女儿的神话》① 中，苯教师与"风姿绰约，含情脉脉"的佳人"结为夫妻"，一年过后，佳人生下一个大肉包就消失了，原来这位女子是"玛沁山神的女儿"。这则故事塑造了阿尼玛沁山神的父神形象。在《玛沁山射杀念青山的神话》② 中，阿尼玛沁山神仍然以父神的角色出现，虽然是一座山神，但却有人性的色彩。红教派保护神的念青行为极不检点，劫持了黄教派的保护神阿尼玛沁山神的妻子，这是山神具有人性一面的反映和流露。在《英雄诞生》中，阿尼玛沁山神化作金面金衣人，并与廓姆野合，后来廓姆生下了格萨尔。③ 以上几则神话完全演绎了阿尼玛沁山神的父神形象，他拥有完整的家庭，还拥有至高无上的王权，犹如国王，行使着王权。从史诗《格萨尔》中阿尼玛沁山神本身的功用来讲，他总是以一位"念拉"和"扎拉"的身份出现在史诗《格萨尔》中，威武雄壮，充满了阳刚之气，俨然一副武士的形象。本书特用以下结构，专门进行勾勒。

$$\text{阿尼玛沁山神}\begin{cases}\text{山神形象}\\\text{父神形象}\\\text{御神形象}\\\text{英雄形象}\end{cases}$$

在藏区的神山中，绝大多数神山都代表男性神灵，绝大多数圣湖都代表女性神灵。如西藏昌都芒康，其县政府驻地嘎托镇附近有诸多神山，比如"耐日""白玛日"等。"耐日"坐落在维色寺附近，也是该寺的护法神，当地民众于每年正月初三定期朝拜和祭祀。朝拜和祭祀者多为男子。"白玛日"，汉译为"莲花山"，是一座神山，据传是"十二丹玛女神"依附之山，也是一座女性神山。每年的正月初三和五月十五日是祭祀山神的吉日。每逢节日，女性信众络绎不绝，

---

① 才让：《藏传佛教民俗与信仰》，民族出版社1999年版，第88页。
② 1986年笔者在甘肃甘南夏河县民政局从事地名工作期间，在太子山（藏语称"阿尼念青"）从事田野调查时采访了上卡加乡的吉太本。
③ 《英雄诞生》，青海省文联珍藏。

可谓有求必应。现在当地的女中学生们，每逢高考，也要来这里祈求，希望心想事成。①藏族女性较少参与祭祀仪式而较多参与转山活动，并且女性参与转山活动在藏族地区已成为较为普遍的民间文化习俗。②"神山大都为男性化的人格神灵，而圣湖皆为女性化的人格神灵，故在藏区民间有'父山'与'母湖'之称谓。"③

（四）崇尚英雄

在青藏高原特殊的自然环境中，藏族同胞形成了独特的生态伦理观念，并内化为他们自身的道德准则，以此来处理人与自然、人与人、人与社会之间的关系。崇尚英雄也成了他们讴歌的一种美德。藏族同胞推崇勇敢、善战精神；勇于牺牲个人利益，勇于反抗压迫，勇于抗击外侮。这都是他们在特定的历史条件下产生的，并且具有鲜明的时代特征。充满血性的藏族同胞，在历史的长河中几乎一直都面对着连绵不断的战争。英勇的藏族领袖——松赞干布、赤松德赞等，都是深谋远虑、英勇善战的英雄。他们形成了"崇尚武力、崇尚英雄"的社会氛围，勇敢无畏是这个时期的第一美德。他们以盖世的武功，统兵领将，扩疆拓土，使吐蕃王朝成为藏族同胞历史上最强盛的时期。《旧唐书·吐蕃传》载有："重兵死，恶病终，以累世战役为甲门，败懦者垂狐尾于首以示辱，表其似狐之怯，稠人广众，必以徇焉，其俗耻之，以为次死。""狭路相逢，勇者胜。"④《敦煌本吐蕃历史文书》记载有："惩治骄暴者，抑压令人畏怖者，忠诚者予以表彰、贤明者得以赞扬、英勇善战者受到鼓励。"⑤早期藏文文献《巴协》记载有："藏人重立誓……其宴宾客，必驱犁牛，使客人自射杀，始分馈食，散诸勇士。子敬其大，母敬其子。男子有行，不离刀

① 朵藏加：《文化时空与信仰人生》，西藏人民出版社2014年版，第261—262页。
② 同上书，第262页。
③ 同上。
④ 《旧唐书·吐蕃传》。
⑤ 王尧、陈践译注：《敦煌本吐蕃历史文书》，民族出版社1992年版。

剑弓矢。凡行道中，少者在前，老者居后，总之，重壮贱老。恶自然死，重以战死。若一家多人战役，悬甲于门，以示光荣。征集兵时，金箭先行，兵法甚严，铠甲精良。前队尽死，后队继进。行军无馈粮以卤获为军资。"身处这种严酷的生存环境和面对诸多的战争，加上推崇英雄人物的忠诚、无畏之传统，决定了藏族先民的伦理观念和道德选择，形成了"崇尚武力、崇尚英雄"的社会氛围。视死如归、冲锋在先、以身捐国的英雄，必能得到嘉奖。

松赞干布迎娶尺尊、文成二公主入藏，曾致信尼、唐两国表示友好，这种先礼后兵、气量非凡的精神，表现了智勇双全的领袖风范。赤松德赞这位南征北战、为吐蕃开拓最大疆域的领袖人物，有着"为人主而常理法度，内乱不起，百姓安宁。蕃土民庶，能安谧起居，各享逸乐，天长地久，子孙后代，社稷安若磐石"的成就，彰显了他"勇敢不拔、骁武娴兵"的军事天才和治理国家的德政之绩。

为吐蕃的统一事业做出过巨大贡献的重臣达札鲁恭，史书称赞他为：内助赞普、平叛乱、理国政，外领蕃军攻唐廷、出将入相，屡建功勋。他深受赞普重用，被刻碑记其战功，并被赏赐有特权。拉萨的"达札鲁恭记功碑"就是赤松德赞时期对达札鲁恭"忠心耿耿，谋略广博，刚毅雄武……"的表扬，此外，还有"赤松德赞墓碑"，歌颂其具有"足智多谋，宽宏大度，勇毅不拔，骁武娴兵"之美德。吐蕃重臣噶尔东赞（汉史称"禄东赞"）在迎娶文成公主时，忠诚君王、智慧勇敢；他辅佐赞普，内平叛乱，除奸铲贼，反败为胜；松赞干布逝世后，他又辅佐幼主；年迈离职后又为平定内乱，再次出任，直至老死。

"三十六制"作为吐蕃社会最基础的法律条文，其基调是敬强扶弱，外惩敌人，内护百姓。它明确规定：虎豹以誉英雄，狐尾以表懦夫。其中的虎皮褂、虎皮裙、大麻袍、小麻袍、虎皮袍和豹皮袍是六种勇饰。当时号称有六十一万军队的吐蕃大军，就出在这样一个尚武褒勇的社会风气下，将士个个争当英雄，以虎袍加身为荣。正如文献记载："吐蕃战时，前队死尽，后队方进。衣甲坚厚，人马甚多。"此文直接描述了吐蕃军队英勇善战，不怕牺牲的武士精神。

　　史诗《格萨尔》更是一部崇尚英雄、歌颂英雄的宏大著作，其中塑造了各种英雄形象，把不同时期的部落与部落、部落与邦国之间的斗争历史表现得淋漓尽致。那些英雄人物大义凛然的气概，表现出了一个英雄时代的辉煌。格萨尔成了英雄的代名词。他为民除害、抑强扶弱，使岭国逐步变为强大的国家。藏族先民尊他为"南瞻部洲雄狮大王"。常言道："若在家中活百岁，不如为国争光彩。"如史诗《格萨尔》记载的少年英雄昂琼玉达。他气度不凡，小小年纪就出征迎敌，他临死前高吟：

> 渴死不喝沟渠水，
> 那是犀牛的高贵品质。
> 饿死不吃泥潭草，
> 那是野马的高贵品质。
> 痛苦至死不滴泪，
> 这是大丈夫的高贵品质。

　　正如人们赞美英雄丹玛：

> 你勇猛剽悍如猛虎，
> 六艺熟练像雄雕，
> 灵敏机智似鹰鹫，
> 唯有你是好岗哨。

　　建功立业是英雄的行为，保家卫国是英雄的本质，为国捐躯是人们世代的骄傲。藏族先民的豪言壮语是：

> 血战到底，
> 即使没有一个人生还，
> 岭国将士对国土依旧一片赤诚。

　　锦绣河山是祖传的大业，
　　绝不遭受奇耻大辱，
　　绝不拱手让人。

　　史诗《格萨尔》中的《霍岭大战》如此描写英雄人物："在印度，把八百大象抛上天；在汉地，把九百骡子挟腋间；在蒙古，把上千骆驼怀中揽。"史诗《格萨尔》是一幅塑造英雄形象、歌颂英雄人物的"群英图"：岭国众英雄与领袖格萨尔一起降妖伏魔，抑强扶弱，外抗侵敌，保家卫国，救护生灵，为岭国的百姓过上太平安宁的日子而冲锋陷阵，所向披靡。这种大无畏的英雄事迹和为正义而战、视死如归的英雄气概正是这部史诗经久不衰、流传千年的魅力所在。史诗《格萨尔》塑造了大量"泣鬼神，动天地"的英雄行为。岭国的众英雄与"雄狮大王"格萨尔一起，共同拼搏，表现出了一种刀光剑影、金戈铁马背后的勇敢、豪迈、坚毅，以及敢于踏向任何困境的气概，更伴有一种民族的强悍作风与悲壮精神。

　　格萨尔的王妃珠牡，在大敌当前、危机四伏之际，亲自为出征的将士敬酒饯行，使将士勇气倍增。她还多次出征，"身穿狮子金甲，头戴彩虹光明头盔，腰系百股套索，手执格萨尔留赠的红鸟七星箭，拉起硬角黑宝弓冲上三层楼顶，射出的箭，正中霍尔王的马前额"，表现出巾帼英雄的形象。在英雄人物的一切正义行为中，善与美总是在勇气中得以张扬，而勇气在这里又意味着高贵地位与军事才能。在把勇敢作为衡量荣辱胜败、衡量民族生存价值之重要标准的部落战争年代，英雄们的豪言壮语是：

　　怯弱是无用的废物，
　　只会弄脏洁净的泥土。

　　藏族同胞崇尚勇敢，赞美英雄。勇敢作为藏族同胞道德规范中的主要内容，一直被藏族同胞视为人格中不可缺少的部分。可以说，这种部落集体主义的勇气在史诗《格萨尔》中得到了最完美的展示。史诗中以理想化色彩盛赞的格萨尔等人的光辉，集中表现了藏族同胞的善恶标准和是非观念，同时，在那个特定历史条件下形成的道德标准，与人类的其他道德标准有着许多共通之处。其基本的伦理倾向和道德标准是：公正、正直、勤勉、勇敢、无畏、坚毅，敢于向大自然搏斗，敢于抵御外强。①

　　1720 年，在反击准噶尔入侵西藏的战斗中，颇罗鼐以国家的利益为重，率领西藏地方的各路军队配合清朝军队作战。他大义凛然、英勇善战、勇敢杀敌。清雍正皇帝降旨云："……颇罗鼐深知大义，讨逆锄奸，俾无辜受害者得雪沉冤，背旨肆行者早正刑辟，甚属可嘉，着封为贝子，以褒义勇，以昭国宪。"② 1791 年，廓尔喀再度侵藏，大掠札什伦布寺，全藏震动，乾隆闻之大怒，大将军福康安等率军进讨。1792 年廓尔喀向清朝投降，清朝赢得了这场战争的胜利。1904 年的江孜抗英战役，藏族同胞不畏强敌，奋勇拼杀，殊死拼搏，直至弹尽粮绝，沉重地打击了入侵者的嚣张气焰。藏族同胞抵抗外侮，誓死保卫家园，保卫边疆，这种英雄气概在中国历史上写下了光辉的一页。这既体现了藏族同胞英勇杀敌的精神，又强化了藏族同胞对祖国的热爱，同时也增进了藏族同胞与其他各民族之间的了解。

（五）在传统绘画中的山神形象

　　阿尼玛沁雪山，是护佑安多地区乃至整个藏区的山神。无论是藏文文献记载，还是格鲁派各大寺院供奉，他都有具体的形象展现在人们面前。对于阿尼玛沁的形象，苯教教徒往往将之描绘成挥舞长矛、骑绿鬃狮或骑白马的人。③ 后来经过佛教教徒的改造，其形象在藏传

① 刘俊哲等：《藏族道德》，民族出版社 2003 年版，第 243 页。
② 西藏研究编辑部编辑：《清史录藏族史料》，《雍正条》，西藏人民出版社 1982 年版。
③ 此说是根据［奥地利］勒纳·德·内贝斯基·沃杰科维茨所著的《西藏的神灵和鬼怪》一书的第 245 页之论述，其资料来源于南桑西瓦（nam-sang-zhi-ba）所著的《静猛酬忏》（zhi-khrovi-bskang-bshags-pa）苯教经典 ma 卷。

佛教各大寺院到处存在。如青海的塔尔寺、西藏的甘丹寺、甘肃的拉卜楞寺都有其壁画,甚至在藏族同胞的家中都普遍供奉。藏传佛教中阿尼玛沁山神是按照密宗护法神的形象绘制的。① 塔尔寺和拉卜楞寺院所绘制的阿尼玛沁山神形象,纯粹是武将的形象——身着铠甲,乘骑宝马,佩带弓箭,手持长矛;画面上的四角还绘有龙、大鹏鸟、虎、狮四位随从。② 在藏文文献中,还有将阿尼玛沁山神描绘成身着金盔金甲,披白色斗篷,身上装饰各种珍宝,右手挥舞长矛,左手托着宝器的武士形象。阿尼玛沁山神的伴侣、九个儿子、九个女儿,也都有各自的具体形象和标志。伴侣手持盛满甘露的法器和镜子,骑一头牡鹿;九个儿子皆身着盔甲,骑着骏马,挥舞兵器;九个女儿都骑着杜鹃鸟,还有一枝五彩丝带所装饰的箭和一个瓷瓶。三百六十个"玛"系兄弟,分别骑着虎、豹、马、豺、狗等,在山间嬉戏;众兄弟挥动着箭、矛、拐杖、战斧和大锤。③

此外,有些藏文文献还将阿尼玛沁山神说成是白毡神（dge-dsny-en-phing-dkar-da）。白毡神最明显的标志是首冠白毡帽。《白史》（deb-thar-dkar-po）记载:"如果将地方神与古人对比研究,定会认为是幼稚的理论。但仔细观察,印度的恒河女神（rgya-gar-gyi-gangvi-lha-mo）脚穿足钏（rkang-gdub）,安多的玛嘉奔热（rma-rgyal-spom-rwa）头戴毡帽（phying-zhawa）、中国汉地的观音菩萨身披斗篷（ber-sngon）,其服饰本地化、习俗地方化都是显而易见的。"④ 国外学者研

---

① 阿尼玛沁山神,身白色,骑白马;右手持摩尼如意宝珠,左手持水晶念珠;头戴珍宝天冠;双足置于金座。而当托付事业时,阿尼玛沁山神则着金盔金甲,右手持长矛,左手拿绳索,腰插弓箭,乘骑金鞍的宝马。在人们的心目中,阿尼玛沁山神身材魁梧,浓眉黑发,骑着白色骏马,昂首挺胸,用敏锐的目光巡视一切。其一旦发怒,则如流泻的瀑布、爆发的火山,震撼着大地,威力无比。有时,阿尼玛沁山神却身着普通藏袍,头戴白毡帽,骑着白骏马,挥动牧鞭在白云上放牧。其具有无穷的智慧,慈善的心肠,在人间震慑群魔,护持黎民百姓,永保四方安宁。

② 2000 年 9 月笔者在拉卜楞寺、塔尔寺和甘丹寺考察的笔录。

③ ［奥地利］勒纳·德·内贝斯基·沃杰科维茨著,谢继胜译:《西藏的神灵和鬼怪》,西藏人民出版社 1993 年版,第 243 页。

④ 根敦群培著,法尊译:《白史》,西北民族学院研究所 1981 年版,第 97 页。

究，"一些格鲁派僧人也认为居士白毡神（dge-bsnyen-phying-dkar-ba）就是玛卿伯姆热山的精魂。指明居士白毡神和玛卿伯姆热两位神灵之间可能具有联系的一个物证，就是居士白毡神所戴的具有特征的毡帽与居住在玛卿伯姆热山周围的一些部落的人所戴的毡帽极其相似"①。在安多藏区一些古歌中，对阿尼玛沁也有形象的描述：

> 上部玛嘉山有脑壳，
> 有脑壳就一定有脑浆，
> 白雪落下就是脑浆；
> 上部玛嘉山有腰身，
> 有腰身就一定要扎腰带，
> 山间的云雾就是腰带；
> 上部玛嘉山有肚子，
> 有肚子就一定有肠子，
> 毒蛇钻洞就是肠子。②

这就为自然山川注入了人类的情感（减少了原来的恐怖色彩），使自然山川有了形象化的美感与活力。

（六）山神的人格化

"首先，山神是依附在崇山峻岭中的人格化的神灵，他们具有与人类一样的外在形象，而且大都呈现古代武将形象，其内在性格也同人类本性相一致，共同有着喜怒哀乐的特征；同时山神又具有超越于人类的属性，人们赋予深山万能的力量，他能够保护普通人一生的安康、幸福，乃至一个地区的和平与安宁。"③ 在青藏高原，人们对阿尼

---

① ［奥地利］勒纳·德·内贝斯基·沃杰科维茨著，谢继胜译：《西藏的神灵和鬼怪》，西藏人民出版社1993年版，第242页。
② 佟锦华：《藏族民间文学》，西藏人民出版社1991年版，第15页。
③ 尕藏加：《文化时空与信仰人生》，西藏人民出版社2014年版，第256页。

玛沁山神的信仰由来已久。阿尼玛沁既是"念神"和"战神"，又是山神和父神，常以不同的形象展现在人们的面前。人们也许要问，在宗教的万神殿中，阿尼玛沁山神到底属哪一种宗教的神？据史料记载，苯教称阿尼玛沁山神为"玛念博热"（rma-gnyan-spom-ra），苯教教徒把阿尼玛沁雪山视为大护法神，是雍仲苯教的维护神。一些佛教大师也承认阿尼玛沁雪山最初是苯教山神。佛学大师阿柔格西说："玛沁山神最初发心的遍照一切导师，似是苯教的祖师辛饶。"①

　　阿尼玛沁山神进入佛门是在莲花生大师入藏传播佛法时期，据史料记载，莲花生大师一向善于降服吐蕃鬼神，法力无边，阿尼玛沁山神也被列入降服之列，其被降服后发誓护卫佛法。据《朗氏宗谱》记载，密宗成就师阿弥贤曲哲高，曾受格萨尔邀请抵达岭国，阿尼玛沁山神与他屡结法缘，立誓守教。② 格鲁派创始人宗喀巴大师，也极为崇拜阿尼玛沁山神，其还被尊为甘丹寺的护法神之一而被供奉在甘丹寺。据说阿尼玛沁山神只是一个世俗山神并有伴侣，不容许在寺内过夜。③ 笔者在考察过程中进一步得到了证实，甘丹寺的安却康殿是当年宗喀巴大师带领五大弟子修行的地方，阿尼玛沁山神被供奉在此殿中。由此可见，阿尼玛沁山神最初是苯教的大护法神，其名称为"玛念博热"，并且有特定的形象和功能。后来佛教传入吐蕃后，莲花生大师降伏了阿尼玛沁山神，成为藏传佛教格鲁派的护法神，被藏族地区广泛供奉和信仰。

二　水神（龙神，klu）的人格化

　　在数千年的中华文明史中，龙不仅是中华民族的象征，而且也是中国传统文化的象征。"龙的传人""龙的国度"也获得了世界的认

---

① 才让：《藏传佛教民俗与信仰》，民族出版社1999年版，第92—93页。
② 同上书，第93页。
③ ［奥地利］勒纳·德·内贝斯基·沃杰科维茨著，谢继胜译：《西藏的神灵和鬼怪》，西藏人民出版社1993年版，第242页。

同。当我们翻阅史诗《格萨尔》后，就会发现，史诗《格萨尔》不仅成功地塑造了格萨尔的英雄形象，而且还生动地描述了格萨尔的英雄母亲。她养育了降服妖魔、拯救世界的格萨尔大王，同样也打开了龙宫财富之门，让人们过上了幸福安康的生活。"龙宫""龙王""龙女"的形象就是人类的自然崇拜和祖先崇拜以及宗族文化的自然表露，是藏族生态伦理观念的不可或缺的理论元素。

（一）藏文文献中的龙神

《辞源》和《辞海》都对龙作了最基本的定义。"龙是古代传说中的一种善变化、能兴云雨、利万物的神异动物，为鳞虫之长。""龙是古代传说中的一种有鳞有须能兴云作雨的神异动物。"有专家认为："龙原是一种图腾，但它又与其他图腾有区别。它最初可能是一个部落的图腾，后来演变为超部落、超民族的神，成为中华民族共同敬奉的、延续时间最长的图腾神。"① 苯教经典《十万龙经》② 记载，龙神大多是牛、羊、虎、豹、熊、狮头，人身，有的还带鱼尾或蛇尾。其是生活在地下的神。这与汉族传说中的龙还有本质的区别。

在藏文文献中，龙的形象较为模糊，仿佛是泛指地上和水中的生物。而龙神的栖息地又常被描写在山尖或岩石上，甚至还可以住在柏树、桦树或云杉上。据说，龙神的疾病，可对人类的生命构成威胁，是疾病之源。龙神生活在水下的龙宫，又被称为水神。龙神在藏语中被称为"鲁"（klu），主雨水。每遇到旱灾，藏族先民求雨，都要到海子、山泉等龙居之地祈祷。龙神分"嘉让"（rgyal-rigs）、"解让"（rje-vi-rigs）、"莽让"（dmangs-rigs）、"章赛让"（bram-zevi-rigs）和"得巴让"（gdol-bavi-rigs）五类，分别居住在东、南、西、北、中五个方向。其中"嘉让"为善，保护人类，带来幸福；"莽让"为恶，带来灾难，

---

① 何星亮：《中国图腾文化》，中国社会科学出版社1992年版，第356页。
② 转引自格勒《论藏族文化的起源形成与周围民族的关系》，中山大学出版社1988年版，第188页。

导致瘟疫；其他三种龙神介于善恶之间，既可带来幸福，也可带来灾难。这三种类型的龙神分别扎根于神界、人界、非神非人界。藏族先民面对着龙神的强大威慑，不得不对其虔诚地崇拜。无论在江、河、湖、泊，还是在井、泉、渠、塘，藏族先民都要定期或不定期地举行祭祀活动，以此祈求和祝祷来年的五谷丰登、牛羊满圈、家人平安。在敦煌文献中，也有龙神崇拜的例子，如《赞普传记》载："在工布哲那地方，会见夏歧、夏歧二王子，同时会见龙王俄得仁摩。"①

（二）龙女、龙神与龙宫

在炎黄时期，人们就以龙为图腾，并加以崇拜形成龙文化。在古人心目中，龙是一种神秘的动物。龙的出现，是天下太平的征兆，所以它被人们视为天下最大的吉祥物。自然界的山和水与传说中的龙相似，在形态上变化多端，故古人将山川、河流都比喻为龙。龙就成为了山和水的象征，各种龙的图案经常出现在寻常百姓家中乃至宫殿衙署之中。

第一，"龙女"化现人间。

据史诗《格萨尔》的《天界篇》描述，南瞻部洲的神子脱巴嘎瓦（thos-pa-dgavi-da）已答应要降到人间，其父亲是"玛桑格卓神"（ma-sang-ge-vdzo），其母亲是"龙女""雅嘎孜丹"（yal-ga-mtshes-ldan）。"为了将来降伏四方边地的非人和魔类……要以毒攻毒，以铁削铁……所以，神子生做龙和念的儿子至关重要。"为了实现以往的诺言，莲花生大师认为应去龙宫，设法求得"龙女"。于是，其便拿传染龙病的药物，念了咒语，藏到黑牦牛的犄角里，投入玛旁湖（ma-pham-mtsho）中，随即传来一声巨大的破裂声。由于这个缘故，下部龙界，到处都传染了龙病。"清净的龙世界"开始"流行起十八种瘟病"，"这时，莲花生大师运用神通法力，一刹那功夫，便来到无热湖的第一道大门口，看见龙界的斯巴雍错湖（srid-pa-gyu-mtsho）

---

①　王尧、陈践：《敦煌古藏文文献探索集》，上海古籍出版社 2008 年版，第 102 页。

里，右边躺着病龙，在不断地呻吟；左边睡着病龙，在呼号恸哭，龙首前俯后仰，不停颤抖，龙尾翻来覆去，甩打不停，真是惨不忍睹"。莲花生大师准备了"各种树枝，各种净水，各种治病的药物，拿来用吉祥草装饰的金、银、铜、玉、水晶五种宝瓶！同时还把白狮子、如意牛、牦雌牛、白绵羊和山羊的奶子、洁白无垢的供神台、右旋的白海螺、白色莲花瓣状的神馐和三节的白色神箭等，一一备办齐全"。莲花生大师"用净水洗涤，用香气烟熏。顷刻间，一切龙病全都消解，跛子跳起了舞蹈，哑巴放声歌唱，盲龙看见了大师尊容，聋子听到了声音"。龙族们为了感谢莲花生大师的大恩大德，将无价的"如意宝珠十三颗，夜光宝珠十三颗，解热十三颗，普通宝珠八骡驮。黄金一十五万升，庵磨珠串无数多……"献给了莲花生大师，结果大师无动于衷。最后选准了龙王的三公主"雅嘎孜丹"。[①] 莲花生大师大展神通，"一眨眼工夫，龙女和龙宝都飞到了湖岸上"。[②] 由此，这位龙王的三公主因天神和佛的机缘，来到了人间。

第二，英雄母亲出自龙宫。

莲花生大师带着"龙女""雅嘎孜丹"从龙宫来到人间之后，他决定"应把龙女暂时托付给一家主人"，他把自己的帽子抛向天空，帽子"径直落到了果部落热洛·顿巴坚赞（ra-lo-sdon-pa-rgyal-mtshan）的帐篷顶上"。于是，莲花生大师就将"龙女"托付给了热洛·顿巴坚赞，并唱道：

> 我是邬金莲花生，
> 原本来自妙佛洲。
> 前来为利三界众，
> 中途去到龙国土。

---

① 王兴先主编：《天界篇》，《格萨尔文库》（藏文版）（第一卷），甘肃民族出版社 2000 年版，第 412—429 页。

② 同上。

解救龙病消苦痛，

龙王报恩献龙女。

最后来到果部落，

跟你结缘实必须。

雅嘎孜丹龙姑娘，

做你热洛顿巴女。①

　　这位从龙宫来的"龙女"由此成了天神之子格萨尔的母亲，龙宫也成为岭国取之不尽、用之不竭的宝库。藏文文献中的龙神，有一部分为女性，她们生儿育女，形成了庞大的龙的家族。苯教寺院所供奉的九头鸟护法神，与龙神同属一类，被称作"世界的皇后、最优秀的母亲"。据载，苯教祖师辛饶弥吾且降临到人间后，与一位"龙女"结合，生一女儿名叫贤色菊。自此，"拥宗宝洲"的"龙女"，从事善行，人们由此风调雨顺，国泰民安。

　　第三，人们的财富来自龙宫。

　　在人们的思想观念中，龙神又是财神的象征。据敦煌古藏文文献记载，在第一代藏王拉托托日宁赛之前，藏王皆与神女和"龙女"联姻，繁衍藏人。自此王室才与臣民通婚。第二十九代藏王没卢念德若，竟然也娶"龙女"为王后。史诗《格萨尔》中的正面人物形象，自然都与"龙神"有着紧密的关联，他们已经具备了半神半人的角色和形象。据《取宝篇》描述，为了岭国人民过上幸福生活，格萨尔决定到龙界去取宝。他到了水下龙宫，只见城堡的中央有龙王的宫殿，各种珠宝光芒四射。龙王早已知道格萨尔要来，就将格萨尔迎进龙宫。格萨尔为龙宫里的成千上万的龙族百姓传授了"息灭龙苦的十种至深法要和三类解脱秘诀"，使他们从"疾病的苦难中解脱了出来"，之后，"格萨尔大王宣读了所需宝藏的名目"，龙王"打开了密

---

① 王兴先主编：《天界篇》，《格萨尔文库》（藏文版）（第一卷），甘肃民族出版社 2000 年版，第 431 页。

封的龙宫宝库，取出各种珍宝，献给了格萨尔大王"。① 格萨尔就将各种珍宝带回到岭国。按照史诗《格萨尔》的描述，为了赢得龙王的信任，莲花生大师通过向龙宫投毒的手段达到目的。作为佛教密宗大师的莲花生，将"染龙病的药物""念了咒语"并"藏到黑牦牛的犄角里，投入玛旁湖中"，引起了龙宫的震荡，然后莲花生大师再消灾治病。史诗《格萨尔》提到的"玛旁湖""无热湖"以及"斯巴雍错湖"，都是雪域高原实实在在的湖泊。阿里地区的"玛旁湖"，在部分藏族史料中也被称作"无热湖"。据说，龙王居住在华丽的龙宫中，拥有无数的奇珍异宝。正如《华严经》云："大海中有四宝珠，一切宝物皆从之生。若无此四珠，一切宝物会渐就灭尽。诸小龙神不能得见，唯娑竭罗龙王密置深宝藏。此深宝藏有四种名：一名众宝积聚，二名无尽宝藏，三名远炽热然，四名一切庄严聚。"《律经异论》第三引《海八德经》云："佛说海有八德，其中'海含众宝，靡所不包'和'海怀众珍，无求不得'即为二德，这诸多珍宝，皆为印度龙王所有。"先秦时的《庄子》曾提及，"夫千金之珠，必在九重之渊而骊龙颔下"。但在印度龙文化影响下，中国传统文化中也蕴涵了在龙宫中有无数奇珍异宝的文化因子。史诗《格萨尔》反映出了龙宫是财富的象征，圣湖是通往龙宫的门户，若要得到财富，富国裕民，只能通过湖这个从人间到达龙界的通道，才能抵达龙宫，获取财宝，使人们过上幸福、安宁的生活。久而久之，圣湖也直接成为神的居所，并似乎与龙宫成为同一个概念了。这样一来，湖的地位由此更加崇高和神圣了，人们将美好的愿望和憧憬寄托在它的身上，圣湖便成为财富的象征和取财的宝库。

（三）龙图腾的崇拜

在漫长的历史岁月中，统一始终是主流。中华民族对龙都有一种

---

① 王兴先主编：《取宝篇》，《格萨尔文库》（藏文版）（第一卷），甘肃民族出版社2000年版，第690页。

强烈的认同感。龙的传人代代成长，龙的子孙世世流芳。由此，中国形成了很强的民族凝聚力，促进了各民族的团结。藏族同胞对龙文化的认同与兄弟民族一样。在《天界篇》中，莲花生大师为了使"龙女""雅嘎孜丹"尽快来到人间，使格萨尔投胎降生，便采取了先投毒、再消灾的策略，以赢得龙王的信任，激起龙王的感激之情，最终实现目的。莲花生大师顺利地将"雅嘎孜丹"领到了人间，安排在了热洛·顿巴坚赞家中。"雅嘎孜丹"从龙宫和湖泊中走来，她生育了天神之子格萨尔，成就了格萨尔降妖除魔的大业，使岭国的人们过上了幸福生活。在史诗《格萨尔》中，通过对龙宫的"龙女"做巧妙的安排，使她通过圣湖走向人间的岭部落，使"龙女"成为人间女子。这种巧妙的安排，不仅仅是宗教感染力的需要，而且还是生育信仰的一种具体表现，这些是在深刻的宗教信仰背景和深厚的传统文化内涵的共同孕育下产生的。《龙宫的龙女走向人间》《龙女成为人间女子》《三兄弟娶玛沁奔热的三公主》以及《巨人三兄弟》等神话，都是关于人类起源的母题，并且反映了黄河源头藏族同胞孕育生命和发展壮大的光辉历程。而这些神话恰恰也是史诗《格萨尔》的重要内容。"龙的传人"的信念，无疑为我们后代提供了强大的精神动力。正如人们所言："在世界上，都习惯把中国称为'东方巨龙'。这条巨龙已经真正苏醒，开始腾飞，而中国人民也以巨龙腾飞作为经济发展的象征。"

在藏地，在自然崇拜的基础上，还派生出藏族同胞特有的生育文化，其特点以强调生命延续的神圣力量为主导。从古至今，人们最关心的事情不外乎生命的维持和延续。这种生生不息的力量，则被认为是维系宇宙不坠，维持人类不灭的根本。藏族同胞对灵魂的理解和对生命的认知更是独具特色的。岭国三部落来源的神话传说，如《巨人三兄弟》和《三兄弟娶玛沁奔热的三公主》，都用大量的笔触着重赞美了繁衍人类的母亲的伟大和高尚。前者不仅用生动形象的语言讲述了巨人兄弟扎陵、鄂陵的来历，而且特别讴歌了他们的母亲"黄河"的优秀品质。后者则描述了岭部落祖先的三个儿子分别娶了玛沁奔热山神的三位公主为妻，形成了三户人家，在玛域地区演化成为岭国的三大部落。这些故事暗含了三位公主的伟大和神奇。

此外，在藏族同胞的传统观念中，圣湖不仅可以寄托人们的灵魂，还具有与人一样的生育能力。"在这种思维的驱使下，形成了色彩纷呈的藏族湖泊生育神话。"《纳木错的传说》① 这个故事，就讲述了藏北牧民女子到纳木错湖求子灵验的故事。这里蕴涵着深刻的文化内涵，孩子从湖中生，反映出了圣湖具有生育象征。藏历的每月十五日，是绕转纳木错湖的最佳日子，经常有不孕不育的妇女前来求子，祈求圣湖赐子。林芝地区的错高湖转湖求子的朝拜者们，在转湖时口中还念着"请赐给我一个女儿"的话语。② 西藏那曲索县还流传着"七龙女生殖石"的传说。索县索河河边的"七龙女生殖石"，有七条缝，预示着七位女性生殖器。传说，格萨尔的王妃珠牡出生时，有七位"龙女"为她沐浴，然后七位"龙女"飞上天去，留下了"七龙女生殖石"。③ 诸如此类的传说，不胜枚举。在藏族同胞的心目中，圣湖既是生命源泉，也是伟大母亲；不仅孕育了灿烂的文化，也是人们物质生活和精神生活的重要依托物。人们将自己的灵魂寄存于圣湖的这一观念，本身就表达了古代藏族先民对生命的崇尚。在史诗《格萨尔》中，格萨尔选择的下界父母，父亲是"念"的后裔，母亲是"龙"的后裔。龙得到了人们的尊崇，人们也喜欢用龙来起名。英雄格萨尔的爱妃珠牡，汉语之意就是"龙女"。由此可见，"念"和"龙"在藏族同胞的民间文化中的地位和影响，时至今日，人们还常常以"鲁"（龙）命名。

---

① 《纳木错的传说》讲述：很久以前，有一位美丽的牧民女子常常在藏北草原放牧。一天夜晚，她梦见一位穿白袍、骑白马、戴白帽的汉子从念青唐古拉雪山上下来和她交合。不久，她生下一子……后来，这位牧民女子按照神的旨意来到纳木错湖边，有一位漂亮女子从湖上走来对她说："四月十五日到普苏隆（纳木错湖北岸）来领孩子"，后来果然应验了。

② 林继富：《神湖与生育信仰》，《西藏民俗》1994年第4期。

③ 2000年8月24日笔者在西藏索县采访阿旦和女艺人玉梅的舅舅永旦而知。

（四）龙文化的意蕴

自商代起，龙就被当作一种神兽，有一种巨大的威慑力，折射出一种无以言表的宗教理念。中国的龙以东方神秘主义的特有形式，通过复杂多变的艺术造型，蕴涵着中国人、中国文化特有的基本观念：第一层龙的观念：其形象中蕴涵着天人合一的宇宙观、仁者爱人的互助观、阴阳交合的发展观、兼容并蓄的多元文化观四大观念。第二层龙的理念：包含着中国人处理四大主体关系时的理想目标、价值观念，追求天人关系的和谐、人际关系的和谐、阴阳矛盾关系的和谐、多元文化关系的和谐。第三层龙的精神：即多元一体、综合创新的中国文化的基本精神。这是中国龙形象、龙文化的最深层文化底蕴。

龙文化无疑也是藏族宗教文化的真实写照。藏族同胞除了有复杂的山神系统外，还有许多女性山神系统。如"长寿五姊妹丹玛女神群"的"七湖勉女神""湖勉五姊妹""九湖勉"，"拉曼才让五女神"和"十二丹玛女神"等女神系统，每组女神如《珠穆朗玛五仙女》的故事一样，都有美妙的神话和传说。这些特殊的女性山神系统，为藏族文化的多元化创造了必要的条件。

在藏族同胞的《神猴与罗刹女》《猕猴变人》以及《猕猴神话》等神话中，都包含着人类起源的母题，具有民族学与神话学的重大价值。钟敬文先生在发现了《女娲娘娘补天》神话后，非常欣喜，认为这是极其珍贵的"民族学志的新资料"，并对藏族神话作了宏观评述：既有简单的、肤浅的甚至是孩子般的纯朴，也有希腊神话那种诗一样的美妙，还有古日耳曼神话那种冥幻阴沉的伟大，更有印第安人神话那种光怪陆离的缤纷画面。[①] 在青藏高原，藏族同胞面对着大江大河和高山峡谷，深感生命力极其脆弱，人们在自然面前只能不断妥协，由此使得人与自然更加和谐。人们塑造了许多的神灵鬼怪来沟通人与自然的情感，从而实现心灵上的安慰。山湖神灵都与人类一样，

---

① 钟敬文：《民间文学论集》，上海文艺出版社1982年版，第162页。

是大自然的子民，人们扔掉的只是人类的有限性，但获取了足以消除人类有限性的生命精神，从而获得了符合自然规律的生命认识。

综上所述，首先，阿尼玛沁山神在早期苯教中具有重要地位，"念神"的形象是藏族先民重要的崇拜对象之一；佛教传入青藏高原，诸多苯教中的山神包括阿尼玛沁山神被改造成为藏传佛教的山神，从而在民间得到广泛的信仰。其次，龙作为中华民族的象征，多年来已深深扎根于中国人的心中，形成了强大的凝聚力。藏族文化中的"龙宫""龙王""龙女"三者，既是藏族同胞圣湖崇拜和自然崇拜的具体表现，也是宗教文化的真实写照。"龙宫"是龙的居所和财富的宝库，也是水的源泉和生命之源；"龙神"主宰着龙宫和水族，也可生儿育女；"龙女"走向人间成为英雄之母和藏族祖先，可以繁衍后代。

藏族文化对龙神形象的成功塑造，显示了龙神的人性特征，这有力地证明了藏族同胞在文化传统上与中华文化的整体性与一致性。

第五章　高原社会秩序与生态伦理实践

　　人类只有依赖与掌握自然界，实现人与自然界之间的双向适应，才能保证自己的生存发展；文化正是人类依赖与掌握自然界、实现人与自然界之间的双向适应的产物。众多的山脉、湖泊以及河流，将青藏高原分割成不同的地域，这种地域上的分割与差异，对藏族文化有着重要影响，不同的地域又有着不同的文化特点。① 果洛是青海海拔最高的藏族自治州，自古以来当地藏族同胞就自称是"董氏"后裔。因其居住在黄河源头，该地习惯上被称作"玛域"（rma-yul，黄河流域）。② 果洛藏族部落的姓氏原本是藏族古老的姓氏，随着宗教在当地的传播和发展，藏族同胞给果洛境内的阿尼玛沁雪山增添了浓郁的宗教色彩，同时，也给自己的姓氏赋予了深厚的文化内涵。由此可以看出，藏族先民在认识自然、肯定人性的生

---

　　① 丹曲：《从姓氏看源流看果洛藏族的宗教文化习俗》，《西藏研究》2009 年第 3 期。
　　② "玛域"系藏语，"玛"有"疮伤"或"过失"之意；"域"有"地方"或"故乡""范围"以及"区域""境"等含义。迄今为止，我们尚未发现确切的名称含义，如果我们从"玛曲""玛多""玛查理"以及"玛拉查则"等黄河源头一系列带有"玛"字的地名来推断，也就不难解释了。"玛多"（rm-stod），系藏语译音，"多"为"上"或"上部"之意，"玛多"其地域靠近阿尼玛沁雪山，故有"上部玛域"或"玛曲上游"之意。"玛查理"（rma-vgram），"玛"意同"上"；"查理"，有"沿"或"岸边"的意思，整个意思是"玛曲沿"。"玛拉查则"（rm-la-brag-rtse），系位于玛多扎陵湖北部的山峰名，"玛"意同"上"；"拉"，"山"的意思；"查"是"岩"的意思；"则"是山顶的意思，整个意思是"玛域岩山峰"。这些地名，都与"玛"有关联，由此可以推断，"玛域"一名可能源于"玛沁奔热雪山"。

存过程中，最终使得深厚的部落文化遗存与宗教文化传统形成了密不可分的关系，这既是高原社会秩序的一种反映，也是生态伦理观念的一种表现。

一　氏族、部落与山神信仰

果洛位于青海东南部的巴颜喀拉山与阿尼玛沁山（a-myi-rma-chen）之间。其境内最高峰为玛沁奔热（rma-chen-spang-ri）峰，海拔六千二百多米。该峰巍峨磅礴，冰峰雄峙，余脉一直绵延到甘肃甘南境内。果洛、玛曲、碌曲等地，加上四川的阿坝皆属阿尼玛沁雪山周边地带，从古至今就有着共同的地域文化特征。果洛与七个自治州的十一个县为邻：东接甘肃的玛曲和四川的阿坝；东南部与四川的壤塘和色达毗邻；西南至西北与四川的色达、石渠，青海的称多、曲麻莱、都兰为界；北部至东北部与都兰、兴海、同德等相连。果洛境内地势高峻，雪山耸立，河流纵横，湖泊密布。其间，巴颜喀拉山绵亘南部，阿尼玛沁雪山逶迤境北，年宝叶什则山（果洛山）[①] 高耸东南，黄河及长江主要支流下切侵蚀明显，形成谷地，平均海拔在四千米以上，自然环境特殊。[②]

"果洛藏族世代代以牧业为主，过的是游牧生活，在与大自然的长期斗争中，陶冶了他们粗犷豪放的民族性格。"[③] "在当时的部落社会制度下，各部落头人也把本部落有无寺院视为衡量权势大小的重

---

① 年宝叶什则山，俗称"果洛山"，"年宝叶什则"系藏语音译。该山位于久治东南部约35公里处，南北走向，平均海拔四千米，最高五千三百米。年宝叶什则山峰雄踞群峰，气势雄伟，主峰终年积雪，山脚湖水涟涟，景象万千，是朝拜的著名圣地，更是果洛藏族重要的山神之一。据传，年宝叶什则山神居住在富丽堂皇的水晶宫，宫门右侧有兽王神虎守卫；左侧有吉祥神牛守卫；周围有四大门神守护，即东面有拉音尕尔门神守护，南面有达尕尔浪则（又称克赞年钦）门神守护，西面有扎益赛池门神守护，北面有帕隆智西门神守护。

② 果洛藏族自治州地方志编纂委员会编：《果洛藏族自治州志》，民族出版社2001年版，第67—68页。

③ 同上书，第6页。

要标志。"① 据地方史料记载，8 世纪以前，果洛各部族普遍信奉苯教，信仰"万物有灵"，崇拜神灵。人们崇信"念神""赞神"和"鲁神"（龙神），将阿尼玛沁雪山和年宝叶什则雪山视为"神山"，年年祭祀，经久不衰。② 随着藏传佛教的传入，苯教信仰逐步被淡化，这里的人们普遍接受了藏传佛教的信仰，各种教派在境内都建立过寺院，其中有萨迦、觉囊、噶举、宁玛、格鲁等各派的寺院。

果洛地区的藏族同胞认为，他们的祖先就是"董氏"，来自于西藏；在藏文文献中也能找到源头。据《柱间史》载：应观世音菩萨点化，猕猴菩提萨埵到北方雪域的深山修行，与岩罗刹女（brag-srin-mo）成亲，生得一子，一年过后繁衍成四百多只；观音菩萨赐以五谷种子，它们生活在"雅隆泽当"（yar-lungs-rtses-dang）。后来，猴子们分化为"四个部族"（bod-kyi-mi-bu-rigs-bzhi），分别为"董"（ldong）、"东"（stong）、"赛"（se）、"穆"（smu），其为内族之四大土著部族，也即雪域吐蕃最早的先民。③ 后来，在四大种姓的基础上增加了"惹"（dbra）和"柱"（vdru）两氏族，通称"六大氏族"（mi-bu-rigs-drug）。④ 大司徒·降曲坚赞在《朗氏家谱》中将"董氏"的族源写得更加详细：彭部落的始祖"彭梅"（sangs-povi-vbum-khri），经过几代世袭，到阿尼木思钦波（a-nyi-mu-zu-chen-po）时娶念莎夏米玛生三子，长子帕秋董传出十八贵人，繁衍为"董氏"十

---

① 果洛藏族自治州地方志编纂委员会编：《果洛藏族自治州志》，民族出版社 2001 年版，第 1189 页。
② 同上书，第 1186 页。
③ 觉沃阿底峡发掘：《柱间史》（藏文版），甘肃民族出版社 1989 年版，第 54—56 页。
④ 巴俄·祖拉陈瓦：《智者喜宴》（藏文版），民族出版社 1986 年版，第 154 页。《传奇》载："藏区古代六氏族，加上舅系向波郭一支，共七个氏族。"此说是智贡巴·贡却乎丹巴绕布杰著的《安多政教史》中所提及的文献，《传奇》疑是作者在《安多政教史》第二章中所列的莱隆（sle-lung）所著的《护法神嘉措传奇》（dam-can-rgya-mtshovi-rtog-brjod）。《汉藏史集》（藏文版，四川民族出版社 1985 年版，第 12 页）载："吐蕃之人源于猴与罗刹女，故讲阿巴支达魔之语言。内部四族系，为东氏（stong）、董氏（ldong）、赛氏（se）、穆氏（rmu）等。"智贡巴·贡却乎丹巴绕布杰所著的《安多政教史》第 771 页记载，藏族的族姓分赛氏、穆氏、董氏、东氏四个贵姓族姓，认为"先是舅系相波（zhang-po），以后则是神族郭（phyis-lha-rigs-sgo）"。

八氏族，其中有肤色为紫色的"董氏"显贵六族和尊者六族。①

《安多政教史》载：

> 在多康（stod-khams）地区，被称为董氏十八大秀（ldong-shul-chen-bco-brgyad）者，有阿秀（dbal-shul）、柔秀（rag-shul）、熙秀（phyag-shul）等。其中阿秀的来源是这样的：在董华青嘉布（ldong-dpal-chen-skyaos）的氏族中，有一个时期，一位称作阿秀普瓦塔（dbal-shul-phur-da-thar）的人，肤色黝黑，体高而背驼，声似山羊，因而其别名为董木雅格苟热格（ldong-mi-nag-gug-gu-ra-skad），他的牧地在玛科拉嘉曲卡（rma-khog-rwargya-chu-kha）等处。②

"董氏"是一个庞大的家族，遍布青藏高原。③ "阿波董" "十八大支" "大姓十八支" "穆布董" 为平辈，而 "长者六系" "尊者六系" 是 "穆布董" 的分支。这些分支，在藏文文献中也有详尽的记载：

> "穆布董"（pho-bo-ldong）的"长者六系"（che-drug）是：
> 上部是"巴曹"（spa-tshab）和"郑叶"（vbring-yas），
> 中部"若曾"（ro-vdze）和"冉西"（rag-shi），
> 下部"木雅"（mi-nyag）和"吉坦"（gyi-than）。

---

① 大司徒·降求坚赞：《朗氏家谱》（藏文版），西藏人民出版社 1986 年版，第 6 页。达仓·宗巴班觉桑布的《汉藏史集》中也有同样的记载：吐蕃三人六子分配土地，董氏得到了柱莫冲冲（vbru-mo-khrom-khrom）、噶氏得到了噶玛麦波（sgar-ma-me-dpo），韦氏和达氏在汉藏交界（rgya-bod-sa-mtshams）之地，占据了当地的达岱贡玛（mdav-dar-gong-ma）。由此，长系之中，未失尊长地位的是兄长董的后裔。智贡巴·贡却乎丹巴绕布杰所著的《安多政教史》第 771 页中记载，赛氏贵姓种姓繁衍为赛（bse）、琼（khyung）、扎（sbra）；穆氏贵姓种姓繁衍为穆（rmy）、察（tsha）、噶（sga）；董氏贵姓种姓繁衍为阿（a）、波（lcags）、董（ldong）；东氏（stong）贵姓种姓繁衍为阿（a）、嘉（lcags）、柱（vbru）。此外，剩下的贱种又分为韦（dpav）和达（zla）两种姓，这就是藏族原始六氏族。
② 智贡巴·贡却乎丹巴绕布杰：《安多政教史》（藏文版），甘肃民族出版社 1982 年版，第 238 页。
③ 尊胜：《格萨尔史诗的源头及其历史内涵》，《西藏研究》2001 年第 1 期。

"长者六系"（che-drug）之后是"尊者六系"（btsun-drug），
他们是"白利"（bi-ri）和"岭巴"（gling-pa），
"若曾"分为上下两部，
"吉坦"分为上下两支，
这叫长尊混合十二支（che-btsun-spel-ma-bcu-gnyis）。①

由此可见，"穆布董"的"岭巴"属于"尊者六系"。
在《天界篇》中，岭部落酋长绒查察根（rong-tsha-khra-rgan）提道：

世界如何形成？
众生如何演变？
佛法的源头在何处？
"董氏"的渊源在哪里？
这些我当然能讲述！
正如与世长存的冈底斯山，
是众水的源头，
正确无误的"董氏"的渊源，
保存在古老的故事之中，
这些深远的历史我当然能讲述！②

在格萨尔的叔叔晁通（a-khu-khro-thung）的讲述中，同样交代了
"董氏"家族演化的历史线索：

由古代六大氏族中，
如何繁衍出强大的"穆布董"，

---

① 达仓·宗巴班觉桑布：《汉藏史集》（藏文版），四川民族出版社1985年版，第13页。
② 《天界篇》，四川民族出版社1980年版，第60页。另见青海省民间艺术研究会整理
《格萨尔王传·霍岭大战》，青海民族出版社1962年版，第28页。

　　从而又出现三十个众兄弟，

　　只有我晁通才知道。

　　这些记载告诉我们，古代六氏族、穆布董、岭六部、三十个众兄弟有着血脉关系。史诗《格萨尔》的分部本《世界形成》（srid-pa-chags-lugs）、《董氏预言授记》（ldong-gi-ma-yig-lung-bstan）、《天界篇》（lha-gling）中就专门讲述了格萨尔祖先"董氏"的传承；《诞生篇》（vkhrungs-gling）、《赛马篇》（rta-rgyug）等部，讲述了格萨尔的诞生和"董氏"的"父系三兄弟"（pha-tsho-spun-gsum）从卫藏辗转迁徙到黄河源头并占领其地（rma-sa-bzung）的历史过程。事实上，安多地区属于"董氏"系统的部落较多，如"董氏阿秀"等"十八大秀"以及"董氏多察"等"十八大察"。"董氏"之"董"系藏语，与汉文史书中记载的"党项"（ldong-dyang）之"党"在读音上很接近。"党项"的"党"，即"董"（ldong）的转音，"项"（by-ang）即"北方"之意，顾名思义是"北方的董氏"。从藏文文献表明，"董氏"的一支，很可能迁徙到了北方。正如石泰安所言：这些部族实际上都位于西藏的中部，可能是羌族人向西藏中部迁徙的结果，这些部族对于吐蕃的形成做出了贡献。①

　　《赛马篇》描述：在"董氏"家族中，有位被称作拉查根宝的人，生有三子，分别与阿尼玛沁山神的三个女儿结为夫妻，组成三户人家。由于外族侵扰，迫使"董氏"家族迁徙。在途中，拉查根宝老人不慎掉队葬身于狼腹。三兄弟只好停止迁徙，驻锡在玛域地区留守先辈遗骨。② 黄河源头，藏语称"玛康岭"（rma-khams-gling），也有称"岭岱"（gling-sde）或简称"岭"（gling）的。居住在"玛康岭"的"董氏"人们则以"岭巴"（gling-pa）自称。"用地望代替姓

――――――――――

　　① ［法］石泰安著，耿昇译：《西藏史诗与说唱艺人的研究》，西藏人民出版社 1993年版，第6页。

　　② 《赛马篇》，青海省民间文艺研究会收集、青海民族出版社整理《赛马称王》（藏文版），青海民族出版社 1981年版，第1—30页。

氏是藏族史中常见的现象，于是格萨尔也有了'岭·格萨尔'（gling-ge-sa-er）的称呼。"① 来到岭地的"董氏"三兄弟，也有与当地氏族联姻的可能性，并由此繁衍生息在这片土地上。"岭地六部"（gling-tsho-drug）即同辈男子互为兄弟，当格萨尔降生时，共有三十个兄弟（phu-nu-sum-cu），在格萨尔的率领下首先征服了"四方四敌"（bdud-hor-mon-vjang-phab-pa）②，其后相继征服了邻近的"十八大宗"（rdzong-chen-bco-brgyad-blangs-pa），然后占领了边远的"三十六小宗"（rdzong-phran-so-drug-blangs-pa）。"董氏"的来由在藏文文献中也有记载：

> 当董（ldong）、柱（vdru）两氏族争战时，玛沁大山神护佑董姓黑汉，赐予了称为如意能断的九股利剑（bsam-chod-kyi-ral-gri-rtse-dgu），助董氏在战争中取胜。③

在"玛沁大山神"的护佑下，"董姓黑汉"才"在战争中取胜"，部族得到了繁衍。这与《安多政教史》另一则记载"董氏"因发生战争而迁徙的传说基本吻合。④

藏文地方文献《果洛宗谱》记载：昂欠本、阿什姜本、班玛本三兄弟，其父辈死后，遗骨由喇嘛曲本巴高僧分给他们，他们就将骨灰分别撒在各自的圣山上，这几座圣山也就成为他们各自的神山。依神山为根据地繁衍生息了三大部落，并以自己的名字称呼。⑤

《安多政教史》中载：

---

① 尊胜：《格萨尔史诗的源头及其历史内涵》，《西藏研究》2001 年第 1 期。

② "四方四敌"，指"魔部""霍尔部""门部""姜部"，藏文中简称 bdud-hor-mon-vjang-phab-pa。

③ 智贡巴·贡却乎丹巴绕布杰：《安多政教史》（藏文版），甘肃民族出版社 1982 年版，第 238 页。

④ 同上书，第 235 页。

⑤ 扎西加措、土却多杰：《果洛宗谱》（藏文版），青海民族出版社 1992 年版，第 26—85 页。

在玛科包底多（rma-khog-po-tivi-mdo）等地，有上下阿秀（dbal-shul），他们都属于董氏族。有这样的歌谣："三大山峰归董氏，董氏帽顶高耸乃有此。"他们权势甚大，柏日（be-ri）也属于董氏。①

上述记载与石泰安的考述"董族人分散在汉藏边界由南至北的辽阔疆域中"②之结论相一致。由此可见，藏族先民都有各自信仰的部族神。果洛的藏族先民将阿尼玛沁山神当作自己的保护神，该部落在与其他部落的战争中获得了胜利并得到繁衍和发展，藏族先民深信，这是阿尼玛沁山神护佑的结果。部落的祖先去世后，遗骨撒在周围的雪山，雪山成为藏族先民信仰的圣地，祖先也成为部落的山神。藏族先民的姓氏崇拜、部落的山神崇拜、宗教祭祀活动之间形成了密切的联系。在历史发展过程中，藏族先民在"自然崇拜""万物有灵"的宗教观念影响下，给山水实体注入了人格化的成分，当作神灵顶礼，当作祖先祭祀，雪山不再是普通的雪山。③阿尼玛沁雪山也由此成了一位社会秩序的维护者，具备了管理社会的多项功能。

二 山神的地位

阿尼玛沁，就是汉文史籍中的"门摩历山""积石山"，其不仅是藏乡的守护者，也是世界名山。在不同的历史时期，其角色也在不断地变化。

（一）山神宗教信仰的转换
阿尼玛沁成为山神的历史十分悠久，传说其最初为印度罗刹守

---

① 智贡巴·贡却乎丹巴绕布杰：《安多政教史》（藏文版），甘肃民族出版社 1982 年版，第 238 页。

② ［法］石泰安著，耿昇译：《川甘青藏走廊的古部族》，四川民族出版社 1992 年版，第 70 页。

③ 如《玛沁奔热娶龙神措曼国玛为妃子的神话》《苯教师勒辛本玛娶玛沁山神的女儿的神话》《玛沁山射杀念青山的神话》，都将阿尼玛沁山神以父神的形象来演绎。

门人。① 苯教文献也有相关记载。苯教称阿尼玛沁为"玛念博热"。苯教教徒认为"玛念博热"是他们的守护神,是雍仲苯教的维护神。② 后来,莲花生大师来到吐蕃降服该山神,阿尼玛沁山神遂立誓弘扬佛法。关于阿尼玛沁山神的由来,在阿底峡的《弟子问道录》中有详尽的记载。③ 藏族先民还将这一故事改编为藏戏《达巴丹布》。久而久之,罗刹守门人的角色被藏族先民忘却了,而阿尼玛沁山神则成为藏族先民日常精神生活不可分割的重要部分,并得到了广泛的信仰。在藏传佛教发展过程中,阿尼玛沁山神还被用作一些重要寺院的专职护法神。如"仲敦嘉贝琼内"(vbrom-ston-rgyal-bvi-vbyung-gnas)将其作为热振寺的主要守护神,成为噶当派的守护神。后来,其先后被第一世达赖喇嘛迎请为札什伦布寺的守护神、被第二世达赖喇嘛迎请为曲科嘉寺(chos-vkhor-rgyal-dgon-pa)④ 的守护神。阿尼玛沁山神是新旧噶丹派(bkavi-gdams-gsar-rnying)最重要的守护神之一,也是噶丹颇章和历代达赖喇嘛护法神中功业最突出的一位。⑤

---

①　恰日·嘎藏陀美编:《藏传佛教僧侣与寺院文化》(藏文版),甘肃民族出版社2001年版,第250页。

②　此说是根据[奥地利]勒纳·德·内贝斯基·沃杰科维茨所著的《西藏的神灵和鬼怪》一书第245页的论述,其资料来源于南桑西瓦(nam-sang-zhi-ba)所著《静猛酬忏》(zhi-khrovi-bskang-bshags-pa)苯教经典 ma 卷。

③　阿底峡:《弟子问道录》(仲顿巴本生传)(藏文版),青海民族出版社1994年版,第206—302页。

④　曲科嘉寺位于山南地区桑日一带,系第二世达赖喇嘛于藏历第九绕迥土蛇年(公元1509年,明正德四年)倡建,寺下有湖,名叫拉毛拉错(dual-ldan-lha-movi-bla-mtsho),为藏俗观湖景以占卜吉凶之处。

⑤　相传,很久以前,印度国王巴嘎拉(rgyal-po-bla-ga-la)得王子达巴丹布(dad-pa-brdan-po),其母后不幸病故,继母雅帕察玛(yar-phag-khra-ma)为谋取王权,借病让王子达巴丹布到远在罗刹的蓝嘎布热采集一种叫作"梅多格夏那"(me-tog-ku-sha-na)的药,据说这种药物疗效奇特。王子达巴丹布一到达罗刹,首先遇到了罗刹的守门人。守门人说:"梅多格夏那"不是药,那是罗刹王公主的名字,此为你母亲嫉妒你的表现。后来,罗刹守门人对王子产生了敬仰,立誓弘法。莲花生大师来吐蕃时期,阿尼玛沁山神立誓弘扬佛法。随着历史的推移,罗刹守门人成为后来的阿尼玛沁山神,得到了藏族同胞的敬仰,而王子达巴丹布不畏艰辛的动人故事,又被改编为著名的藏戏《达巴丹布》,家喻户晓。参见恰日·嘎藏陀美编《藏传佛教僧侣与寺院文化》(藏文版),甘肃民族出版社2001年版,第250页。

（二）"世界的中心"勾勒

玛域，在史诗《格萨尔》中被描绘成"世界的中心"和"岭国的中心"。其周围的十三座山峰亦被藏族同胞称为"十三山神"，他们均是岭国的保护神。这种山神崇拜的文化习俗，似乎与早期汉民族的山岳崇拜观念相一致。

在春秋战国时期，汉民族就将大神叫作"名山大川"，小神叫作"山林川泽"。周人曾在国家中央、四方、九州各选一座名山，称"五岳""九镇"。汉文化的"昆仑山崇拜"亦与此相类。据研究，"昆仑"是一个表示连绵的词。作为一般形容词，它还写作"混沦""浑沦""浑沌"等。在上古先民看来，滚滚的黄河之水是从"西方天极"而来的，其发源地是浑沌莫测的，因而把处于"混沦"的想象中的黄河发源地称为"昆仑"。在地理学概念并不清晰的古代，古人认为黄河出自于"昆仑"，黄河神是伟大的，因而"昆仑"在古人眼中几乎与大地神、神州神相当。山川神的威力巨大，可以"兴云致雨"，还可以"祟而使人得疾病"。在《左传》中屡见有关山川神作祟致疾的记载。此外，随着时代的发展，山川神因为"能助佑战争胜利或赐予土地"而被人格化了。"自然神人格化的结果，不仅使山川诸神获得了人的形象，而且使许多山川之神又与人神结合在了一起。"华夏民族的母亲河黄河也经历了人格化的过程。殷代的山川与山川神是二位一体的，殷代的自然神还没有完成人格化的过程。先秦诸子典籍中的"河伯"是鱼身人面神，后来与人鬼相结合。

山川神的人格化往往在神话中得以很好地体现。如传说舜南巡死于苍梧，其二妃娥皇、女英死于湘水而成为"湘灵"；天帝之季女名曰瑶姬，未嫁而亡，葬于巫山而成为巫山女神。唐代先后封泰山神为"天齐王"，华岳神为"金天王"，中岳神为"司天王"，南岳神为"安天王"。[①] 这种情况，在藏族同胞的神灵信仰中不乏其例。"山神"

---

① 詹鄞鑫：《神灵与祭祀——中国传统宗教综论》，江苏古籍出版社1992年版，第71—74页。

也具有多项功能，既是"山神"和"念神"，还是"战神"。正如中国传统文化中的自然神走向人格化的道路一样，阿尼玛沁山神在其角色转换的过程中，其形象和个性不断张扬，最终获得了"东方的大神"称号。对大自然的观察和思考是人类的天性，阿尼玛沁雪山与果洛地区的藏族先民相生相伴，久而久之形成了崇拜的文化习俗。可见，自然神灵地位的确立，推动其上升为宗教神灵。同时，由于其宗教地位的不断提升，更使其成为藏族同胞民间信仰的主要成分。藏族民间流传着关于藏族起源以及藏族先民活动的传说，认为藏族祖先是神猕猴与岩妖魔女结合而产生的后裔。他们分别居住在雅隆河谷的索塘（yar-lung-zo-thang）、泽塘（yar-lung-rtsed-thang）、沃卡久塘（yar-lung- rgyug-thang）、赤塘（yar-lung-khri-thang）等地，食自然之谷物，穿树叶之衣，过着原始生活。据说当地的藏族同胞，现在仍然能指认山崖的某个洞穴为其先民的遗址。①

三　社会秩序的重建

藏族同胞在开展自然崇拜、图腾崇拜以及神灵崇拜的过程中，将阿尼玛沁雪山神圣化。将其塑造成了"念神""战神"和部落守护神，甚至还描绘出了具体的形象供人们供奉，由此构成了安多地区独具特色的民俗文化，②进而成为古代藏族社会秩序的具体反映。归结起来有如下几点：

（一）古代藏族的姓氏一脉相承

家喻户晓的藏族神话"神猴与罗刹女"的故事，描述了藏族先民的起源。后来又有"六大种姓"的文献记载对此有生动描述。从藏

① 《藏族简史》编写组：《藏族简史》，西藏人民出版社2006年版，第9页。
② 丹曲：《试述阿尼玛沁山神的形象及其在宗教万神殿中的归属》，《安多研究》第1辑，中国藏学出版社2005年版，第214页。

文文献来看，古代六大氏族非常活跃，他们并不是固定在一个区域内繁衍和发展，而是不断地分化和裂变。如"董氏"已经逐步走出卫藏地区，迁徙到"汉藏交界的地方"，"当吐蕃人在玛卡秀热（dmar-kha-shur-ras）地方种地时，吐蕃三父六子分地居住"（dmar-kha-shur-ras-vdebs-stag-pa-der-bod-mi-gsum-bu-dug-sa-bgos-byas）。从科学的角度来看，我们无法证实其真实性，但从文献所提供的信息来判断，"董氏"父系三兄弟占据"玛康岭"——即占地称王的说法，是颇有证据的。青海果洛的藏族同胞坚信，他们源于古代藏族六大种姓之一的"董氏"。至今，这些藏族同胞也认定他们就是岭国的后裔。① 果洛甘德科曲德尔威部落的藏族同胞都认为，他们就是岭国格萨尔所属的直系部落。这反映了藏族文化与果洛地方文化的不可分割的关系，也反映了源远流长的中华黄河文明认识自然、肯定人性的光辉历程。

（二）山神、祖先和英雄崇拜有机结合

　　青藏高原的藏族同胞，崇拜和敬仰山神、祖先、英雄。这些藏族同胞将美好愿望寄托在三者之上。祭祀山神，崇尚祖先，打造英雄已经成为部落、部落联盟的一种追求。果洛的藏族先民由于拥有巍峨雪山而有了神山崇拜，使其成为一种特定的文化载体进而营造特殊的文化氛围，并对史诗《格萨尔》的形成产生了至关重要的影响。而充盈着原始观念与信仰的史诗《格萨尔》反过来又不断丰富、规范了果洛的藏族先民的神山崇拜观念。② 从母系社会到父系社会，男女社会地位的转换使男性成为这种纽带的载体，父神的产生乃是男性社会地位在信仰中的反映。在藏族同胞的文化习俗演化过程中，阿尼玛沁

---

　　① 2000年12月，笔者在果洛地区田野考察中得知，著名的《格萨尔》说唱艺人昂日就是该部落的人，他的全名"德尔威昂日"。该部落先后出现了国家表彰过的两位优秀说唱艺人，一位是昂日，另一位是"掘藏艺人"格日坚赞。还有一位青海省政府表彰过的牧民艺人嘉木样。长期以来，该部落的许多男士们都自认为是格萨尔某大将的转世。也有学者认为，史诗《格萨尔》中记载的岭部落的后代现已被压缩到甘德、达日一带。

　　② 杨恩洪：《果洛的神山与〈格萨尔王传〉》，《中国藏学》1998年第2期。

山神与氏族的繁衍以及祖先崇拜密切联系在一起，其有效地调节了由共同的祖先分化出来的不同部落间的关系；而这些调节也是生成流传在藏族地区民间传说①的重要内容。这种习俗，既是在古老的生产方式和生活方式下沉淀形成的，也是在宗教信仰和部落融合下出现文化兼容的折射，并逐步成为维系黄河源头社会秩序的文化象征。"'山神文化'中虽保留着不少原始民间宗教文化的成分，但其结构形态已是以藏传佛教文化为中心的多元文化形态。"② 由此可见，无论是在史诗《格萨尔》中，还是现实生活中，阿尼玛沁山神在藏族同胞心目中有着极其崇高的地位。山神与英雄紧密联系在一起（有时二者是独立的，有时二者合而为一），二者都得到了人们的敬重、祈求、崇拜。藏族同胞将自己的理想和愿望寄托在英雄身上，同时也寄托在山神之上。打造英雄、崇尚"战神"、信仰山神，是部落、部落联盟的一种时尚和追求。部落的英雄产生了，民族的英雄也由此产生了，这极大地迎合了藏族在危难之中希望获得拯救的心理。③

（三）地理环境孕育了宗教文化习俗

阿尼玛沁雪山之周围，是藏族部落集中的地方，也是说唱艺人较多的地区，因此也是史诗《格萨尔》流传的中心地带。由于阿尼玛沁山神富有神秘的宗教色彩，所以在藏族同胞的心目当中具有重要的地位，由此形成了阿尼玛沁山神崇拜的宗教习俗。作为格萨尔和岭国的寄魂山以及保护神，阿尼玛沁山神具有强烈的象征意义。特殊的自然环境，孕育了独具特色的宗教文化；山地生活的复杂性，使藏族同胞产生了依赖感。神山所具有的泰山般的厚重和沉稳，极大地象征了

---

① 关于果洛三部之来由，在果洛民间传说共有五则，在《安多政教史》中有记载；在《果洛州志》中记载得更为详尽。

② 王兴先：《华日地区一个藏族部落的民族学调查报告——山神和山神崇拜》，《西藏研究》1996年第1期。

③ 丹曲：《果洛地区藏族的阿尼玛沁山神崇拜及其信仰与习俗探析》，《安多研究》2007年第4辑，第244页。

英雄之英武、豁达的人格特征，符合了塑造英雄的审美要求，迎合了世代生息在草原上的游牧部族之心理诉求，与藏族同胞的自然观、灵魂观、生态伦理道德观念中根深蒂固的文化背景相契合，证明了"人本身是自然界的产物，是在他们的环境中并且和这个环境一起发展起来的"①。

据汉文文献记载，在中国传统文化中，至少在仰韶文化中就有了山川崇拜。汾神应是夏人建立于汾水流域的山川神，后来由于自然的人格化，夏人后裔将臺骀奉为汾神。② 山川神到了后来又拥有了"能助佑战争胜利或赐予土地"的功能。

正如汉族的自然神走向人格化的道路一样，阿尼玛沁山神在其演化过程中也获得了"东方大神"的称号，并被藏族同胞所崇拜，清代国师章嘉呼图克图将该山神视为"黄河之神"，曾建议朝廷祭祀。③清乾隆四十七年（1782），黄河上涨，下游重灾。清朝皇帝下旨，命官员赴星宿海祭祀阿尼玛沁山神，由此出现预兆。④

（四）山神成为人们维持社会文化秩序的象征

阿尼玛沁山神也是果洛地区藏族部落凝聚力的象征符号。他既作为威力无比的"念神""战神"和"地方守护神"，呵护着生活在阿尼玛沁雪山脚下的藏族同胞；又被尊崇为部落的祖先，深得藏族同胞的敬仰；并与果洛地区藏族同胞的氏族起源神话和部落起源神话一

---

① ［德］恩格斯：《反杜林论》，《马克思恩格斯选集》第三卷，人民出版社1972年版，第74页。
② 詹鄞鑫：《神灵与祭祀——中国传统宗教综论》，江苏古籍出版社1992年版，第66页。
③ 乾隆四十七年二月（1782年2月4日）：……朕斋心默祷，以期天佑神助，并经传谕阿桂等不可稍存怨忧之念。但念阿桂连日在工，不免昼夜焦急，此特遣伊子阿弥达驰往西宁，同留住并章嘉呼图克图弟吹卜藏呼图克图恭诣河源致祭，仰祈神佑，庶得迅奏成功……参见《清实录》，卷一一五一，乾隆四十七年二月丁亥条，第14—15页。
④ 智贡巴·贡却乎丹巴绕布杰：《安多政教史》（藏文版），甘肃民族出版社1982年版。参见才让《藏传佛教民俗与信仰》，民族出版社1999年版，第94—95页。参见《清实录》，乾隆四十七年二月丁亥条。

起，使得阿尼玛沁山神和年宝叶什则山神日渐神圣化，成为维系和巩固果洛以及周边地区社会秩序的文化基础。

四川甘孜巴塘的竹巴龙乡有座神山叫"隆拉"（lung-lha，意为村落神），还有专门的祭祀台（sang-thab）。这个村落神是一员武将，乡民在每年的正月初三都要举行隆重的祭祀仪式。此外，还有区域性影响很大的山神"吉拉智色"（spyi-lha-vbri-ger，公共大神之色），距本乡较远，祭祀的日期是正月初四、初五。西藏昌都左贡的美玉乡美玉切村的山神叫"克捷哲嘎"（khas-rje-brag-dkar，白螺神山），相传此山神是"卡瓦格博"大神山的外围守护门卫之一。村民不仅要每年朝拜"吉拉智色"山神，还要去朝拜"卡瓦格博"大神山。

如果说，个体祭祀神山是以家庭或个人为单位的话，那么群体祭祀神山就是以村落或人群为单位。而站在神山崇拜的自我立场上看，群体祭祀神山，标志着对神山的最正统、最正规且有秩序、有规模的祭祀仪式。此外，正如村落文明只有通过集会才能使它自行拥有感情再生一样；村民祭祀神山，除了能维护村落公共安全之外，尚有联络并凝聚村民情感世界或个体人性的社会功能。① 山神还是维持社会文化秩序的重要纽带。这些文献和神话、传说虽然不能断定它的科学性，或者说不能断定在现实生活中这些部落能否与文献或史诗中的部落对号入座，然而它却反映了源远流长的中华黄河文明（黄河起源于青藏高原）认识自然、肯定人性的光辉历程。同时也证实了，阿尼玛沁山神庞大的山神系统和组织结构，其实反映的就是早期人类社会部族的组织结构。②

（五）山神成为地域文化的重要内容

阿尼玛沁山神是"东方大神"，也是果洛一代藏族部落的祖先和

---

①　尕藏加：《文化时空与信仰人生》，西藏人民出版社2014年版，第258页。
②　丹曲：《果洛地区藏族的阿尼玛沁山神崇拜及其信仰与习俗探析》，《安多研究》2007年第4辑，第242—243页。

英雄，它一直活在藏族同胞的心中。对阿尼玛沁山神的一种解释就是
"祖先大玛神"。顾名思义，该山神与人们的祖先有关，与流传在这
一带的众多的民间传说是相一致的。因此，阿尼玛沁雪山成为英雄灵
魂寄存的载体，也成为许多神话、传说尤其是史诗《格萨尔》的重
要内容，并具有浓厚的藏族文化传统根基和民族亲和力。在这种独具
特色的藏族文化沃壤中，阿尼玛沁山神也最终走向了文学的殿堂，成
为地域文化的重要内容和组成部分。藏族部落、姓氏以及宗教文化习
俗都与其有着千丝万缕的关系。山神信仰习俗，为实现人与自然的和
谐，在人与环境之间搭建了一道桥梁，阐释了人与自然、人与人、人
与文化之间特殊的依存关系；反映了藏族同胞的历史，并与宗教文化
相交织，相得益彰，给地域文化赋予了丰富的文化内涵。虽然其有着
浓郁的宗教神话色彩，但从侧面也反映了藏族同胞生生不息、艰苦创
业的历史进程，更从客观上反映了古代藏族先民崇尚大自然的哲学
理念。①

---

① 丹曲：《果洛地区藏族的阿尼玛沁山神崇拜及其信仰与习俗探析》，《安多研究》
2007 年第 4 辑，第 237 页。

第六章　地域文化与生态伦理观念的形成

　　藏族是一个被大山养育的民族。无论在现实生活中还是在精神世界里，藏族同胞均与圣山、圣湖有着永远无法割舍的联系。千百年来，藏族同胞为了满足自身的精神文化需要，构筑了完美的精神世界，创造了庞大的生命体系。每一条河流、每一片湖泊、每一座大山都伴随着一个美丽的神话和传说，并由此产生了永恒的山水崇拜习俗。[①] 青藏高原的冈底斯山和玛旁雍错湖，阿尼玛沁山和"扎陵、鄂陵、卓陵"三湖，念青唐古拉山和纳木错湖，云南的卡瓦格博山和碧塔海等等诸多圣山、圣湖，均以伉俪的名义相关联。这些神话传说，使自然环境与人文特征融为一体，积淀了光辉灿烂的圣山、圣湖崇拜观念，既体现了藏族同胞天、地、人和谐发展的哲学思想，又象征了从古至今藏族同胞的物质文化和精神文化。这些做法，将社会的历史结构框架完全复制在自然山水的神灵谱系之中，在客观上建立了完善的生态伦理观念，保护了大自然，保护了人类生存的家园。

一　自然环境和文化环境

　　任何民族文化的形成和发展，都伴随着该民族的生存和繁衍，历

[①]　丹曲：《藏民族山湖崇拜习俗与格萨尔说唱艺人探析》，《安多研究》2006 年第 2 辑，第 225—226 页。

经了一个曲折而又漫长的历史过程。就其文化结构而言，不外乎有地域环境、社会环境和宗教信仰三大因素，这三大因素构成了各民族的人文环境。青藏高原，群山交错，河流从横，湖泊密布，是地球上一个特殊的地理单元，有"远看是山，近看是川"之特点。① 喜马拉雅山脉的珠穆朗玛峰，是世界最高峰；北部的冈底斯山和念青唐古拉山，构成了藏北、藏南以及藏东南的分界线，也是外流河与内流河的分界线；唐古拉山是西藏与青海的交界，最高的格拉丹冬雪山为长江的发源地；素有"亚洲脊柱"之誉的昆仑山，是西藏与新疆的分界线，也是中国古代神话体系的核心。此外，横断山脉自西而东坐落在藏、川、滇三省区的交界。青藏高原也是一个"山脉的海洋"，并赢得了"世界屋脊"的美名。② 青藏高原的河流分为四大水系：第一，太平洋水系，包括金沙江、雅砻江、通天河、岷江等长江干支流及黄河、澜沧江等；第二，印度洋水系，包括雅鲁藏布江、怒江、吉太曲、察隅曲、西巴霞曲、朋曲、朗钦藏布（象泉河）、森格藏布（狮泉河）等；第三，高原北部内流河水系，包括藏北汇入纳木错湖的侧曲，汇入色林错湖的扎加藏布、扎根藏布，汇入昂拉仁错湖的阿毛藏布，汇入班公错湖的马嘎藏布，以及青海的柴达木河、格尔木河与青海湖；第四，高原南部内流水系，包括玛旁雍错湖—拉昂错湖流域，佩枯错湖—错戳龙湖流域，错姆折林湖—定结错湖流域，多庆错湖—嘎拉错湖流域，羊卓雍湖—普姆雍错湖—哲古错湖流域等。青藏高原的内流水系是地球上海拔最高、数量最多、面积最大的高原湖群区。湖泊大多在山间盆地或区形谷地之中，较大的湖泊有青海湖、羊卓雍错湖、玛旁雍错湖、纳木错湖、班公错湖。这些大大小小的湖泊河流，构成了青藏高原珍贵的水资源宝库。

第四纪地质学研究表明，青藏高原在远古时期气候温暖，适于人类生存。中华人民共和国成立后，考古工作者在长江源头一带发现了

---

① 徐华鑫编：《西藏自治区地理》，西藏人民出版社 1986 年版，第 32 页。
② 同上书，第 31 页。

旧石器时代的石器，也是此地有人类生存的有力证据。此后，考古工作者又相继在西藏的定日、申扎以及普兰等地，发现了诸多旧石器时代的石器。由此推断，自古以来，藏族先民就生息繁衍在这块土地上。①如《柱间史》《西藏王统记》等藏文文献记载：受观音菩萨点化的一只猕猴和居住在岩洞中的罗刹女结合，生下小猴，逐渐发展繁衍成了藏族先民。②《敦煌古藏文文书》有"藏族先祖出自十三天神"和藏族地区有"十二小邦"等的记载。在不断兼并和征服之后，西藏相继出现了象雄和雅隆等势力强大的部落和部落联盟，并出现了最早的象雄文明和雅隆文明。7世纪，松赞干布建立了吐蕃王朝，统一高原，象雄、苏毗、党项、白兰、多弥以及吐谷浑等部落、邦国被纳入其治下，给多种民族文化的相互接触提供了契机，从而也为形成多民族文化社会奠定了基础，为藏族同胞以及藏族文化的兴盛发挥了重要的作用。

据藏文文献记载，在吐蕃的第一代赞普拉脱脱日年赞时期，天降"宁波桑哇"，这是佛教最早传入吐蕃的相关信息。随后，松赞干布又组织学者创制了藏文，佛教也开始大规模传入吐蕃，藏族文化有了较大的发展。吐蕃的最后一任赞普朗达玛执政后，开展了轰轰烈烈的灭佛运动，由此导致吐蕃的崩溃，藏族文化遭受到了史无前例的破坏。通过历史时局的反复震荡，藏传佛教以包容性和整合性的特征而发展壮大，从而使藏族文化走向了多元化的新高潮。在严酷的高原自然环境中，藏族同胞与大自然和谐相处，形成了吃苦耐劳的品格，形成了浪漫的想象力，尤其是在藏族同胞接受了佛教思想后，重视自身内省，逐步形成了纯真散漫、豁达开朗、勤奋坚毅的民风和民俗。藏族同胞认为自己所拥有的，就是世界上最美好的。③

---

① 张民德：《试论西藏地区的旧石器时代考古》，《西藏民院学报》1992年第1期。
② 觉沃阿底峡发掘：《柱间史》（藏文版），甘肃民族出版社1989年版，第48页；萨迦·索南坚赞：《西藏王统记》（藏文版），民族出版社1988年版，第49页。
③ 胡兆量等编：《中国文化地理概述》，北京大学出版社2001年版，第245页。

二 山水文化与说唱艺人

青藏高原的山山水水，都被注入了神话传说和宗教内容，藏族同胞对之无比的崇敬与信奉。而那些藏族说唱艺人，大多自幼就与高山、湖泊结下了不解之缘。

著名的说唱艺人扎巴老人①，出生在西藏昌都边坝的一户贫苦农奴家中。八岁那年外出放牧时曾走失，七天后仍找不见他的踪影，后来意外地在家附近找到了他。父母将扎巴领回家后其仍不省人事，家人带领他到附近的边巴寺去看活佛。据说这位活佛是格萨尔大王手下大将丹玛的转世，对于史诗《格萨尔》极为熟悉。经过活佛的沐浴、加持，扎巴能流利地说唱史诗《格萨尔》了。② 后来，扎巴同一位农奴的女儿结了婚。由于生活所迫，他带着妻子和女儿背井离乡、云游四方。他从边巴走向拉萨，在高原的神山、圣湖旁，他边朝拜边说唱。在吸收了各地的说唱精华之后，他的说唱日臻完善，能够完整说唱史诗《格萨尔》中的三十四部。除了最后一篇《地狱篇》没有说

---

① 改革开放后，民族文化得到了党和国家的重视，全国各地兴起了抢救各民族民间文化的热潮。扎巴（1906—1986）成为说唱艺人的杰出代表，在民众中享有极高的威望，1978 年，西藏某高校的教师发现了他的才艺，1979 年春正式成立抢救小组专门开展了对他说唱的录音、整理及出版工作，1986 年 11 月 3 日扎巴老人辞世，八年共抢救说唱录音近三千小时，计二十六部，至今已出版十七部，取得了令人瞩目的成就，从而为后人研究活态史诗积累了极具价值、无可取代的宝贵资料。在抢救扎巴老人说唱的过程中，西藏大学有一支常年默默无闻、奋战在抢救工作第一线的团队——《格萨尔》研究所。他们是：最初赴林芝抢救组组长登真，成员有洛桑顿旦、扎西旺堆（2012 年去世）、强巴旺秋（1995 年去世）、强俄巴·次央。1982 年 3 月后，扎巴被请到拉萨，此后参加抢救整理的人员不断增加，他们是：阿旺顿珠（1980—1995）、索丹（1980—1990）、丹巴饶丹（1978—1985）、平措（1986 年至今）、普布次仁（1989 年至今）、边央（1989 年至今）、巴桑（1995 年至今）、保罗（1993—1995）、那姆杰（1996 年至今）、措吉（2004 年至今）。西藏大学历届领导，始终对扎巴说唱艺人的抢救工作给予了高度重视与具体指导，在没有经验可借鉴的情况下，努力探索、持之以恒，坚持以人为本，充分尊重民间说唱艺人。在关怀、改善艺人生活，提升艺人社会地位的前提下，以极为认真、科学、谨慎的态度从事录音抢救工作，积累了宝贵的经验，成为全国《格萨尔》抢救工作中的突出典范，谱写了 20 世纪 80 年代抢救《格萨尔》说唱艺人的华彩篇章。

② 杨恩洪：《民间诗神——格萨尔艺人研究》，中国藏学出版社 1995 年版，第 149 页。

唱过外，其余各部都完整地说唱过。①

　　已故艺人桑珠②，出生在藏北丁青琼布③。桑珠的外祖父洛桑格列，走南闯北，喜好喝酒，一旦喝点酒就唱史诗《格萨尔》。桑珠在外祖父的膝盖上听着外祖父说唱史诗《格萨尔》而度过了幼年的时光。后来桑珠替别人放羊。他 11 岁的某天，在山上放羊，中午钻进了一个山洞避雨，然后睡着了。在睡梦中他梦到了格萨尔突然出现，惊醒之后才知道自己做了一场梦。回家后，他精神恍惚，父亲把他送到了仲护寺。后来返回家中，他便能说唱史诗《格萨尔》了。为了谋生，桑珠外出流浪。当他流浪到索县的绒布寺时，那里正好举办洛达（说唱艺人玉梅的父亲）的演唱会。这时的桑珠除了能够说唱《英雄诞生》外，还能够说唱《天界篇》和《赛马称王》。最后他随着人群继续西行，朝拜了著名的冈仁波钦圣山，然后经申扎回到了故乡。几年的流浪，使他的说唱技艺得到了很大提高。他到过拉加里王的府邸说唱过《阿达拉莫》和《卡契玉宗》，还到过大贵族索康的家里表演，成了远近闻名的史诗《格萨尔》说唱艺人。他走南闯北，注重学习和运用各地方言，并不断学习各地的民间谚语、歌谣，丰富自己的说唱内容。④

　　女艺人玉梅⑤，出生在昌都索县的一户牧民家里。16 岁那年的春

---

①　杨恩洪：《民间诗神——格萨尔艺人研究》，中国藏学出版社 1995 年版，第 149 页。

②　桑珠（1922—2011），出生在西藏丁青，从小热爱史诗《格萨尔》。18 岁那年抵达冈底斯山脚下。三年后，他又回到了丁青，家境非常贫困。22 岁时，他四处漂泊，说唱技艺日渐成熟，1949 年后，他定居到墨竹工卡。在改革开放后，桑珠艺人被西藏社会科学院聘请，作为《格萨尔》重点传承艺人开始录制他说唱的史诗《格萨尔》，为史诗的抢救、保护、传承工作做出了突出贡献。迄今为止他已录制四十五部（二千一百一十四盘磁带）。1991 年，桑珠被国家授予“《格萨尔》说唱家”的称号，被认定为国家级非物质文化遗产项目代表性传承人。目前桑珠说唱本已整理出版了三十四部三十七本，还有十一部十二本待整理编纂。

③　藏北丁青琼布今为昌都丁青所属。

④　2000 年 9 月 2 日笔者在拉萨采访桑珠艺人，文中所录其经历为桑珠老人的自述。

⑤　1957 年，玉梅出生于史诗《格萨尔》说唱世家，她的父亲就曾是说唱艺人。在说唱艺人扎巴年老时，“他吩咐把住在附近的玉梅姑娘请来。玉梅，就是羌塘草原那位 16 岁时梦见白水湖和黑水湖，然后就会说唱史诗《格萨尔》的姑娘。……还在 1980 年，西藏自治区出版局在考核 21 岁的玉梅时，德高望重的扎巴老人是主考人之一。玉梅的唱腔高亢圆润，使附近的龙王潭水为之荡漾。玉梅因此而通过考核，她和扎巴老人一样，获得了‘《格萨尔》说唱家’的称号。后来她任《格萨尔》抢救办公室的干部，常来西藏大学看望扎巴老人。”此据秦文玉写作的《神歌》。据说她现在已经很难再说唱史诗《格萨尔》了，这不禁让人惋惜。

天，她在自家的山背后牧场上放牦牛。她躺在草地上，梦见了两个大湖：一个是黑水湖，另一个是白水湖。黑水湖出现了一个妖魔，她害怕极了；接着，从白水湖中出来一位仙女，对妖魔说："她是格萨尔大王的人，我要让她讲格萨尔的英雄业绩，传播给高原雪域的黑头藏民。"她惊醒后身患大病，眼前一直显现出格萨尔四处征战的场面。此后，她就能说唱史诗《格萨尔》了。由于她能说唱几十部史诗《格萨尔》分部，后来被正式录取成国家干部，专职说唱史诗《格萨尔》。

已故说唱艺人才让旺堆①，出生在西藏那曲安多，八岁那年，他的父亲、母亲、哥哥相继去世。才让旺堆一边讨饭一边赶路，与朝佛的三个大姐结伴来到拉萨。后来，才让旺堆经过长时间的跋涉，来到了冈仁钦切山脚（冈底斯山主峰）下，经过一年零两个月的苦苦努力，终于转完了十三圈。牧民们说，转过冈底斯山，还要转念青唐古拉山和纳木错湖，才算功德圆满。才让旺堆走了两个月才转完了圣山和圣湖各十三圈。一天，他来到纳木错湖畔，梦到了格萨尔。他几乎每晚都在不停地做梦，情节就如同放电影一样展现在眼前，并能从嘴里自然地流泻而出。他到过卫藏、康巴等许多地方，也去过印度、尼泊尔等国。长期的流浪行吟生涯，为他以后的说唱积累了宝贵的经验。

玉珠出生在唐古拉山脚下安多巴尔达新村②的一户牧民家中。自幼家境贫寒，为了谋生，他先后以跳神、在天葬台为死者刻经文、说唱史诗《格萨尔》为生，逐渐成了一个较有名气的说唱艺人。17 岁时，他父亲去世，母亲和妹妹离家流浪，他便一边寻找母亲和妹妹，

---

① 才让旺堆，自幼开始说唱史诗《格萨尔》。1990 年，被青海省文联吸收为国家干部，享受副教授待遇；1991 年，他获得国家的表彰；1995 年，他荣获青海省文联颁发的荣誉证书；1997 年，国家特授予他《格萨尔》抢救和研究"突出贡献的先进个人"称号；2005 年，他开始享受国务院颁发的"国务院特殊津贴"；2007 年，由文化部、中国民间文艺家协会授予"《格萨尔》杰出传承人"称号。

② 今西藏那曲安多所属。

一边流浪。他通常晚上做梦白天说唱，在漂泊生活中，把史诗《格萨尔》说唱得越来越好。一年冬天，他来到了拉萨，恰逢一年一度的正月传召大法会，各地的僧众云集拉萨，玉珠坐在八角街头说唱史诗《格萨尔》，无意中找到了离别十年的母亲和妹妹。于是一家人便一同去朝拜了冈仁布钦圣山和纳木错圣湖，他先后到萨迦、江龙宗等地朝圣，从而又开始了他的流浪说唱生涯。

从以上资料可以看出，藏族同胞自古就依偎在大自然的怀抱之中，形成了朝拜圣山、圣湖的文化习俗。为什么众多的说唱艺人对圣山、圣湖情有独钟呢？其实质就在于圣山、圣湖蕴藏着藏族同胞深厚的伦理观念和文化意蕴。

三　山水崇拜的文化意蕴

在青藏高原，藏族同胞形成了特殊的文化习俗，认为山有山神，水有龙神，树有树神，大自然的一切无不存在着神灵。山峰通天界，是连接人与天界的桥梁；湖泊通龙宫，是连接人与水界的通道。西藏的地理环境，既提供了史诗创作素材，又提供了史诗创作灵感，同时，也影响着说唱艺人的心理素质与审美情趣。长期以来，藏族同胞对冈底斯山与玛旁雍错湖、念青唐古拉山与纳木错湖、阿尼玛沁山与"扎陵、鄂陵和卓陵"三湖以及青海湖等的信仰坚定不移。

位于喜马拉雅山脉之北的冈底斯山①主峰冈仁波钦，坐落在阿里的普兰境内，海拔六千七百米，与此山相距260公里的有玛旁雍错湖。在藏族历史上，宗教几经变化，教派纷争不已，唯独冈底斯山神和玛旁雍错湖容纳了不同种族、不同宗教信仰者前来朝拜。大多数史诗《格萨尔》说唱艺人亦都曾造访过这两地。对冈底斯神山崇

① "冈底斯山"是藏、梵、汉三种文字的混合，"冈"为藏语"雪"的意思；"底斯"为梵语，取清凉之意；"山"为汉语，合成后就是"清凉的雪山"之意。由于终年有积雪封顶，在藏文文献中其常被比喻成水晶塔。其主峰被尊称为"冈仁波钦"（宝贝）则表现了藏族同胞对之的敬仰之情。

拜的源头，可以追溯到原始苯教时期辛饶米吾以前的年代，苯教将整个宇宙分为三层，即上界为"神"界，中界为"念"界，下界为"鲁"界。十三层天界居住着各种不同的神祇，人间就是"念界"，水界就是"鲁界"。位于人间中心的冈底斯山，在原始苯教的信仰中被形容成一个十字形金刚杵，下伸"鲁界"、上刺"神界"，是贯通宇宙三界的神山。传说，苯教神祇鼓基芒盖下凡时，有一束光芒照射并消失在冈底斯山上，该山便成为其下凡的第一个落脚点，以后就逐步形成了冈底斯山神崇拜习俗。11 世纪，印度著名的佛学大师阿底峡进入西藏传法，途经冈底斯山时，听到山上有钟声阵阵，便告诉随从这是五百罗汉进斋的钟声，于是也在山下用斋。米拉日巴曾在此山修行数年，修得正果，并与苯教法师那若苯琼斗法，最终获胜。竹巴噶举创始人藏甲热巴·益西多吉也曾在冈底斯山苦修多年，薄衣过冬，完好无损，获得了"热巴"的美称。他的得意弟子郭仓巴·贡保多吉在冈底斯山修行时，开辟了正确的转山之路。藏传佛教直贡噶举派的创始人仁钦贝大师曾三次派遣门徒前往冈底斯山修行，相传第二次派出的弟子有近三千人。12 世纪以后，诸多大成就者纷纷抵达冈底斯山建寺修行，绕转圣山，绕转一圈便可洗尽一生罪孽，转十圈可在五百次轮回中免受地狱之苦。藏历马年是朝圣和修行的最佳时机，因为释迦牟尼正也在此年成佛。

冈底斯山在印度教、湿婆教、苯教和佛教中都有很重要的地位。苯教认为，冈底斯山是世界的中心，为白牦牛神下凡落脚的地方。印度教视其为湿婆神的居所。在佛教中，它又成了胜乐金刚的身刹土。

玛旁雍错湖海拔四千五百多米，在中国西藏、印度、尼泊尔等地的信徒心目中，该湖是世界上的"圣湖之王"。藏族同胞认为，圣湖之水是佛教中胜乐大尊赐给众生的甘露，用湖水洗身可以清除肌肤之垢，除去心灵之烦恼；饮用湖水能够除病健身。圣湖的四面有四门：东为莲花浴门，西为去垢浴门，北为信仰浴门，南为香甜浴门。在信教者的心目中，这些河流与冈仁波钦峰有着神圣的关联。据苯教经典描述：从冈仁波钦峰而下的一条河，注入玛旁雍错湖，该湖是四条大河发源地，流向北、南、东、西四方。流向北方的为狮泉河，其下游为印度河；流向南方的是孔雀河，其下游为恒河；流向东方的是马泉河，其下游为布拉马普特拉河；流向西方的是象泉河，其下游为苏特累季河。

在九位山神①中，最重要的是念青唐古拉山神，也被称为东方的大神。8 世纪赤松德赞时期迎请莲花生大师入藏，莲花生大师一路降妖伏魔，只有念青唐古拉山神傲慢地展示其神威：变做一条巨蛇，蛇头伸到了吐谷浑，蛇尾横扫康地，堵住了莲花生大师的去路。莲花生大师作法，念青唐古拉山神惊慌现身顶礼，发誓遵从上师教导，崇信佛法。莲花生大师遂封他为佛教护法神，同时亦成为赤松德赞的护法神；后来其被诸多高僧大德（尤其为历代班禅大师）所供奉；第五世达赖喇嘛时期，念青唐古拉山神又成为甘丹颇章的护法，即今天称作"红黑二护法"中的"红护法"。② 念青唐古拉山神有自己的谱系，山神的父亲是沃德贡嘉，母亲是芸恰秀吉，妻子是纳木错湖女神，还有随从三百六十位"念神"，以及众多的魔、赞、女神等，山神的居住地是达姆秀纳姆。念青唐古拉山神成为佛教护法后，积德行善，名气可与阿尼玛沁山神相媲美，传说其上师是著名的热译师多杰扎。

念青唐古拉山神③属于"念神"，其妻子纳木错为帝释天的女儿。人们朝拜和绕转念青唐古拉山神的故事虽不见经传，但对此山北面的纳木错湖的崇拜却历史悠久。该湖位于西藏当雄西北，汉语意为"天

---

① 九位山神也被称为"世界形成九神"。
② 恰日·嘎藏陀美编：《藏传佛教僧侣与寺院文化》（藏文版），甘肃民族出版社2001 年版，第 249 页。
③ 唐古拉山神，头戴白巾，身着白衣，右手举着马鞭，左手拿着念珠，骑着白马。偶尔也化现为恐怖的怒神，身披宝玉铠甲，腰缠黑熊皮，头戴宝石头盔，佩带寒光闪亮的弓箭，专司财产和掌管冰雹，下属有三百六十个随从神（三百六十个山峰）。念青唐古拉山神属于"念神"，任何一棵圣树的砍伐和圣地的挖掘以及对大自然的破坏，都会触怒他。他的妻子纳木错为帝释天的女儿。佛教将纳木错看成是胜乐金刚的"语刹土"，即胜乐金刚的明妃金刚亥母。

湖"，蒙语称"腾格里海"，与羊卓雍错湖、玛旁雍错湖并称为西藏的"三大圣湖"。此湖中有座名叫"扎西多"的半岛，岛上有石柱、天生桥、溶洞等自然景观，相传此湖水是天宫御厨里的琼浆玉液，也常被天宫的神女当作一面宝镜。岛上有扎西多佛寺，香火旺盛。藏历羊年是藏族同胞绕转圣湖的最佳时机，每到此时，成千上万的善男信女会前来朝拜。此外，相传有不少高僧来此修法，终成正果。据说唱艺人才让旺堆讲，他就是在此湖畔开始说唱史诗《格萨尔》的。

　　阿尼玛沁雪山和黄河源头的"扎陵、鄂陵和卓陵"三湖，也是藏族同胞的朝拜圣地。阿尼玛沁山神不仅是岭国和格萨尔的寄魂山和保护神，他还是"战神"，更是黄河源头一带藏族部落的祖先。"扎陵、鄂陵和卓陵"① 三湖也以格萨尔的寄魂湖而闻名遐迩。岭国的扎、鄂和卓三部落也以此湖命名。格萨尔的岳丈嘉洛东珠的王宫就坐落在扎陵湖旁，爱妃珠牡从小就生长在此湖旁。今天的黄河源头，仍然流传着有关"扎陵、鄂陵和卓陵"三湖的许多美丽动人的故事。

　　雅拉香布山②坐落在藏南地区，相传此山也是法力无边，统领着雅隆地区的地方保护神和土地神。它的妻子为朗勉托杰普玉，曾为天界女神首领。被称为莲花圣地的"白马岗"为金刚亥姆女神的化身。黄河源头的阿尼玛沁山是英雄之神，其属相为羊，每逢羊年，信徒们就会前来朝拜，求山神保佑，消灾避凶。人们将命根子寄附于神山、神湖等之中，严禁在山上采集果实、深挖药材、砍伐木草、猎取野兽，等等。如果破坏了神山、神湖，也就意味着断绝了人的命根子。

---

　　①　由于青藏高原的生态环境等各方面的原因，如今的"扎陵、鄂陵和卓陵"三湖中的卓陵湖已经干枯，只有在水期才能见到一汪碧水。

　　②　据藏文文献记载，雅拉香布山神，酷似一头白牦牛，可从口和鼻中喷出大雪，法力无边，可以摧毁岩石，引发洪水，其统领着雅隆地区所有的地方保护神和土地神。其妻朗勉托杰普玉为天界女神首领，一身淡红色服装，右手持闪电，左手握冰雹，骑着闪电飞行。被称为莲花圣地的"白马岗"，系金刚亥姆女神的化身，女神仰面而卧，山脉分别为女神的头、颈、躯干和四肢，树木是女神的毛发，河流是女神的血管，贡日嘉布雪山是她的头，邦辛是她的心脏，仁钦崩寺是她的肚脐，贡堆颇章是她的左乳房，白马西热河为她的右乳房，河水为她的乳汁。

经过神山时，人们不能唱歌喧哗，否则就会给自己、家人，甚至当地带来灾祸。另外，尚有许多山水、湖泊，甚至石头、树木都被看成是神灵的栖息处，保护着地方的安宁。神山及其周围所长的一草一木一石都是神的器官，是神圣不可侵犯的神物。

青海湖①是藏区内距内地最近的湖泊，其坐落在青藏高原东北部边缘的大坂山、日月山、青海南山之间，面积为4583平方公里，深达32.8米。湖中有座神奇的"海心山"小岛。该湖有许多传说。②据《安多政教史》载，青海的仙密寺高僧阿琼贡噶喜宁（a-khyung-bla-ma-kun-dgav-bshes-gnyen），曾住在青海湖修行并获得成就，降服了湖主嘉摩（rgyamo）等八部众，给玛沁授金刚乘罐顶，役使玛索玛（dmag-zor-ma）如仆役。③该湖不仅得到了居住在青海湖周围地区广大藏蒙民族的普遍信仰，而且得到了历代中央政府的高度重视，祭湖活动逐步带有官方的色彩。据史料表明，青海湖早在吐蕃时期，就被唐朝政权封为"广润公"。到了吐蕃分治时期，又被宋代再次封为"通圣广润公"。与其他圣湖不同的是，自古以来，祭祀活动就被历代中央王朝所重视，出现了"遥祭""祭海"等多种形式。对青海湖正规的祭祀始于清代。④民国二十九年（1940），国民政府先后派马鹤天、陈进修、宋子文、邵元冲等大员前往青海，举行了盛大的祭祀活动。据文献记载，国民政府曾特派国民党第八战区司令朱绍良前来参加祭海与会盟，国民政府拨专款五万元，"藏蒙各族王公、千百户

---

① 青海湖的藏语全称为"雍措赤雪嘉姆"（gyu-mtsho-khri-shog-rgya-mo），"雍措"有"碧玉湖"之意，"赤雪"有"千户"之意，"嘉姆"有"夫人"之意。藏语简称"错奥布"（mtsho-sngon-po），蒙古语称"库库诺尔"，其意均为"青色的海"，汉语俗称"青海湖""西海"等。

② 青海湖形成的传说很多，其中一则故事是：此地原有一泉，其旁有龙王之供，藏民万家饮汲。藏民汲水后，以石掩之，则不更溢。相传有女鬼夜汲，不掩其石，结果挑怒龙王，泉涌泛滥，淹没万家，甚至淹没南瞻部洲，自此以后就形成了青海湖。

③ 智贡巴·贡却乎丹巴绕布杰：《安多政教史》（藏文版），甘肃民族出版社1982年版，第151页。

④ 韩官却加：《简述青海之祭海与会盟》，青海民族研究所编：《青海民族研究》1985年第2辑，第93—106页。

等，在离海二里远的地方，骏骑盛装，隆重迎接，热烈欢迎，鸣放鞭炮，高奏藏乐"①。祭祀圣湖的作用是显而易见的：第一，极大地满足了藏蒙民族的信仰需求；第二，通过"祭海"等各种各样的民间文艺活动，可以互相交流、互相学习；第三，通过"祭海"会盟，可以减少蒙藏族间的纠纷，有力地促进各民族间的经济文化交流。

由此可见，在青藏高原这一特殊的自然环境中，人们对圣山非常笃信，同样，人们对待圣湖也情有独钟。在他们看来，有仙境就有人间，有圣山必有圣湖。正因为有了深厚的圣山崇拜和圣湖崇拜这种民间传统文化土壤，才形成了人们的圣山、圣湖崇拜文化情结。人们只有走近圣山、圣湖，才会富有灵感；只有绕转圣山、圣湖，史诗《格萨尔》才会富有神韵。

圣山崇拜的内容和形式流布广泛，而圣水崇拜，据研究，多保留在远离藏区中心文化区的边缘地带，祭祀水神的仪式和习俗只在民间流行，未被纳入藏传佛教的正式仪轨之中。②

山水崇拜习俗是藏族同胞早期自然崇拜的主要内容，其延续至今，不仅没有消失，反而深深扎根于藏族文化之中。这说明藏族同胞的早期自然崇拜超越宗教形式，以一种顽强的文化形式根植于藏族文化。圣山、圣湖崇拜的民间传统文化土壤，是藏族文化中的重要部分，以此为核心的精神文化孕育出了众多的说唱艺人，形成说唱艺人的山水崇拜文化情结，并将这种文化展现在日常文化中，即活灵活现地融入史诗《格萨尔》的字里行间。

四　自然崇拜的文化特征

（一）民间说唱艺人的山水崇拜文化情结

山水崇拜文化的产生和发展，是伴随着藏族先民的社会实践而展

---

① 陈邦彦：《"祭海"沿源和一九四〇年的祭海情况》，《青海文史资料》（第6—9辑合订本）第8辑，青海省政协文史资料研究委员会1981年版，第59页。

② 周锡银、望潮：《藏族原始宗教》，四川人民出版社1999年版，第53页。

开的。人的实践活动是民间文化存在发展的根基。通过大量的实例，我们可以看到，与山水相生、相伴的藏族同胞，其现实生活和精神世界，都与圣山、圣湖有着永远也无法割断的联系。在漫长的历史过程中，围绕圣山、圣湖所积淀的文化内容丰富多彩，形成自然与人文融为一体的崇拜对象，这不仅成为历史上藏族精神文化的载体和象征，而且也保留了民族审美意识中原始崇尚范畴的古老原型。① 在这种特殊的自然环境和人文环境中成长起来的说唱艺人，自然产生了敬慕山川、敬慕湖泊的文化情结。如玉梅做梦所出现的黑水湖、白水湖意境，就是现实生活的一种反映，在她家的山背后真的就有"错噶"和"错纳"，该艺人从小就在黑水湖畔、白水湖畔放牧。青藏高原的山山水水既是说唱艺人出生和成长的摇篮，也是说唱艺人从事文学创作的源泉。

（二）特定的自然环境造就了独特的风俗习惯

在青藏高原，藏族同胞的生产实践和社会生活，为史诗《格萨尔》的创作奠定了物质条件和现实基础；大自然造化了山川、江河、湖泊，藏族同胞又实实在在地生活在这样的环境中，为了适应环境、适应自然，他们不得不尊重自然、敬畏自然。山川、河流因此成了他们心目中的神灵。雪域高原那广阔的草原、神奇的山水、万变的气候，又培养了说唱艺人丰富的艺术想象力，使之出入于天地三界，驰骋于高山神湖。写英雄则其自天而降，写魔王则其"吃一百个成人做早点，吃一百个男孩做午餐，吃一百个少女做晚餐"；写美人则其如虹彩，灿若太阳，美若莲花。这些想象方式，独具藏族同胞所内含的崇尚感。于是，能歌善舞的藏族同胞，在传统说唱形式的基础上，经过广泛加工创作，不断丰富发展，以口头文学的艺术魅力，创作出了《格萨尔》这部宏伟的史诗。也正是这些优秀文化传统的积淀和民间说唱艺人的不断努力，才逐步酝酿

---

① 丹曲：《藏民族山湖崇拜习俗与格萨尔说唱艺人探析》，《安多研究》2006 年第 2 辑，第 242 页。

和形成了中华民族独特的具有高山旷野气息的伟大史诗《格萨尔》。

（三）"万物有灵"观念注入了自然山水文化

在历史的岁月里，藏族同胞给青藏高原的山川湖泊赋予了神奇的力量，形成了特定的崇拜文化习俗。这时的山川湖泊，不再是自然界中的山川湖泊了，它既是神山、神湖，又是灵魂寄存处。加上藏族同胞不断地注入人性化的养分，使之升华为宗教意义上的神学观念。无论对于古代还是对于现代，山水崇拜文化习俗对藏族文化和说唱艺人均产生了很大的影响，这种被赋予神性和灵性的自然观不仅反映在说唱艺人的现实生活当中，而且更多的则是体现在他们所创作的史诗《格萨尔》的内容情节当中，这种观念无疑对保护青藏高原的自然资源和人文资源，发挥了重要的作用。

（四）山水文化情结启迪了史诗的创作灵感

圣山、圣湖崇拜，贯穿于藏族朴素的唯物观和自然观之中，使山水为喻的外在表现丰富而多彩。圣山、圣湖的祭祀活动，使藏族既得到了一种精神的超越和情感的慰藉，又陶冶了高尚情操，同时还启迪了说唱艺人的创作灵感。有缘于此，说唱艺人对说唱史诗《格萨尔》一发不可收拾，有的能说唱数十部，有的能说唱百余部。这表达了他们对宇宙精神的体悟和自我价值的实现。他们塑造了万能之神格萨尔，并将自身对人世间的喜怒哀乐尽情地诉诸其中，这些情感积郁、酝酿、膨胀、激荡于他们心中，逢时就发，势不可遏。说唱艺人在史诗《格萨尔》创作过程中深深地融入了圣山、圣湖崇拜的宗教情感，这是一种把文化情结与说唱艺术紧密联系在一起的纽带，由此产生了许许多多感人的故事。20 世纪 60 年代到 70 年代，史诗《格萨尔》被当作"毒草"，说唱艺人包括扎巴老人也受到了牵连，他成了批判的对象，陪伴他度过了半个艺术生涯的"说唱帽"变成了罪证，他含着伤心的泪水将此帽抛进了圣湖，圣湖是其最好的归宿。

圣山、圣湖本属于自然物质世界，然而在藏族文化传统中，却被赋予了自然物质以外的诸多含义而被人们加以崇拜。在他们的观念中显示为一种人文符号。山神与湖神，这种最具特征的人文符号，则更被他们构思为神祇，而这个人造的神祇，也很自然地成为他们的精神代表和文化象征。两者相辅相成，相得益彰。由此可以发现，在藏族同胞的山水崇拜习俗背后，隐藏着朴素的生态伦理观念。

第七章　对大自然的审美

　　自然山水崇拜，涤荡了藏族同胞的情怀，慰藉了藏族同胞的心灵，也更加激励了藏族同胞的心志。翻开藏文文献，可以发现，有大量赞美雪域高原俊美和壮丽的篇章。这些篇章，将大自然描绘成人间仙境和富饶天堂，从而总结出了山川湖泊的特征，梳理出了藏族同胞对美好生活的向往和追求。这种审美情趣暗含了深层的哲学理念，并构成了人与自然的和谐与统一。这种审美观念是传统文化和生态伦理观念的重要基础。

一　对山川河流最初形成的描述

　　人类从来没有停止过对天、地等自然万物的探索。在青藏高原，藏族同胞为了自身的生存、繁衍，面对着复杂的自然现象，将自然界神灵化、把神灵人格化，认为世界上的日月山水、花草树木等自然万物皆有生命，甚至神灵的灵魂都寄存在其上，从而产生了自然崇拜观念和灵魂寄存观念。古歌《斯巴宰牛歌》里这样唱道：

　　　　问：斯巴宰杀小牛时，
　　　　　　砍下牛头放哪里？
　　　　　　我不知道问歌手；
　　　　　　斯巴宰杀小牛时，
　　　　　　割下牛尾放哪里？

我不知道问歌手；

斯巴宰杀小牛时，

剥下牛皮放哪里？

我不知道问歌手。

答：斯巴宰杀小牛时，

砍下牛头放高处，

所以山峰高耸耸；

割下牛尾栽山阴，

所以森林浓郁郁；

斯巴宰杀小牛时，

剥下牛皮铺平处，

所以大地平坦坦。①

　　这种藏族神话传说，表达了藏族先民对高山峡谷的一种认知和理解。在人类社会早期，藏族先民认为，主宰世界的神灵为"斯巴"（srid-pa），自然界的山川河流均由这个"斯巴"创造，"斯巴"宰下的牛头就是高山，牛皮就是平坦的大地，这就是圣山、圣湖在藏族原始文化中的基本定位。藏文文献《十万经龙》载：世界源于龙母，它的头部变成天空，右眼变成月亮，左眼变成太阳，四颗上门牙变成四颗星星；当龙母睁开眼睛时出现白天，闭上眼睛时黑夜降临；其声音形成雷，舌头形成闪电，呼出之气为云，眼泪为雨，鼻孔生风；血液化成宇宙大洋，血管化成河流，肉体形成大地，骨骼变成山脉。这种神话的故事情节与中国传统文化中的盘古神话颇为相似，三国时吴国人徐整的《五运历年纪》云："首生盘古，垂死化生，气成风云，身为雷霆；左眼为日，右眼为月，四肢五体为四极五岳，血液为江河，筋脉为地理，肌肉为田土，发髻为星辰，皮毛为草木，齿骨为金玉，精髓为珠石，汗流为雨泽；身之诸虫，因风所感，化为黎甿。"

---

① 佟锦华主编：《藏族文学史》，四川民族出版社 1985 年版，第 10—12 页。

从上述神话可知，无论是藏族先民的"龙母"还是汉族先民的"盘古"，似乎均为原始氏族部落的酋长，这些神话中的人物形象久而久之受到后代的崇拜，逐步走上了文学的殿堂，演化为文学创作的母题。"龙母"呈现出女性化的色彩，表明这则神话的背景是人类早期母系氏族社会对女性的崇拜，"龙母"和"盘古"神话涉及世界的本源，说明藏汉先民在审视自然、思考宇宙起源问题时就已肯定了人类自我的主体力量，构建了认知自然的审美观念。

二　理想中的精神家园

由于地域不同，人们认知自然万物的视角也不同。藏族是一个生活在山地的民族，整天离不开大山。藏族先民认为，自然界各种生命相生相长、共生共荣，那蓝天、白云、青山和绿水才是藏族同胞自己的家园。《霍岭大战》中有如下描写：

> 在人世间南瞻部洲中心东部，雪域所属朵康地方的富庶区域，人们都称作岭噶布。岭噶布又分上岭、中岭、下岭三部，上岭叫噶堆，是岭国的西部，（其）地方宽阔，风景美丽，（有）绿油油的草原，万花如绣，五彩斑斓。下岭叫岭麦，也就是岭国的东部，（其）地方平坦，像无边的大湖，凝结着坚冰，在太阳照耀下，反射出灿烂夺目的银光。岭国的中部叫岭雄，这里的草原辽阔宽广，远远望去，一层薄雾笼罩着，好像一位仙女披着碧绿的头纱。岭噶布的前边，山形像箭杆一样笔挺，岭噶布的后面，群峰像弓腰一样的弯曲。各部落所搭的帐房和土房，好像群星落地，密密麻麻，岭噶布这地方，真是个辽阔广大、景色如画的好地方。①

---

① 吴均著，金迈译：《霍岭大战》（汉译本）（上册），青海人民出版社 1984 年版，第 1 页。

　　这段文字形象地描绘了岭国"噶堆"（dkaar-stod）、"岭雄"（gling-gzhung）、"岭麦"（gling-smad）三个地域，有三个部落分布在这三个不同的地域里。充满阳光和青山绿水的岭国，是人类美好的精神家园，也是一块神奇的土地。这些并非艺术家们在艺术创作中的杜撰，而是对现实生活的有感而发，也是对藏区自然景观和人文景观所描绘的一幅神奇的画卷。

　　《公祭篇》描述有：

> 好像面粉堆起一高山，
> 那是白雪皑皑玛嘉山。
> 好像一潭碧湖翻绿浪，
> 那是福运黄河水流缓。
> 紫气升腾犹如聚宝盆，
> 那是富饶家乡玛域川。①
>
> 最长的江河是黄河，
> 最高的山峰玛嘉山，
> 滚滚流水像狼跑，
> 右旋好比坠耳环。②

　　从中我们可以看出，在岭国民众的心目中，波浪滚滚的黄河是最长的江河；阿尼玛沁雪山是最高的山峰；人间的乐园是草木丰茂、鸟语花香、牛羊成群的玛域地方。这才是富饶家乡，这才是人间的乐园。这便是岭国民众对可爱家乡的赞美。

　　《诞生篇》描述有：

---

　　① 王兴先主编：《公祭篇》，《格萨尔文库》（藏文版）（第一卷）甘肃民族出版社2000年版，第753页。
　　② 同上书，第774页。

　　　　如若不知道这个地方，
　　　　吉苏雅的岔口在这里。
　　　　两河并流哗哗永不停，
　　　　两山对峙好像双箭羽，
　　　　两岸草坪坦荡如铺毡，
　　　　地处青蛙似的山岩前，
　　　　顶宝龙王宝库在外面，
　　　　是上师莲花生授记地。①

　　"吉苏雅"是金沙江和澜沧江的交汇之地，相传这里是格萨尔的诞生之地。时至今日，熟知史诗《格萨尔》的民众或者说唱艺人都认为四川德格阿须草原的"吉苏雅"地方就是英雄格萨尔诞生的地方，"青蛙"石、射箭石、拴马桩等许许多多的圣迹都有相关的故事。栩栩如生的人文景观就更加不胜枚举。

　　《取宝篇》描述有：

　　　　东方天空黎明的曙光刚刚升起，在下玛域大大小小、长长短短的道路上，便突然出现一群又一群的骡子，看上去就像南天卷起的一团团乌云，湖面降下一阵阵暴雨，一浪推着一浪，滚滚行进；那赶骡子的脚户们，也像水面上的波浪，一层接着一层向前走着。在骡群的后面，是一群又一群的牧马、一群又一群的牦牛、一片又一片的绵羊、一片又一片的山羊，叫人分不清是假马群还是真马群，认不明是家牛群还是野牛群，看不清是牧草还是绵羊，辨不出是山羊还是羚羊。它们声势浩大，就像江河决口，洪水奔流，直向玛戴雅花虎滩（rma-del-yag-stag-thang）而来。让

　　　　————

　　① 王兴先主编：《诞生篇》，《格萨尔文库》（藏文版）（第一卷），甘肃民族出版社2000年版，第452页。

人感到山峰也在摇动，草木好像也在行走。①

藏区到处百花争艳，水草丰茂，是理想的牧场，也是动物的乐园；哪里有人，哪里就有嘹亮的歌声；蓝蓝的天，白白的云彩，成群的牛羊，使人分不清是人间还是仙境。神奇的玛域，更充满了人文气息。《取宝篇》还描述有：

内四滩就像耳环一样圆，外四滩就像展开的虎皮一样平。它的上部是兄弟勇士们聚会的地方，中部是小伙子们练武射箭的靶场，下部是姑娘、小媳妇们唱歌跳舞的场所。那上滩是广阔的草原，草原上牧草丰茂；中滩是一片片的沼泽，沼泽上百花争艳；这下滩更是风光秀丽，树木丛丛，林园处处，果实累累。滩上共有一百零八眼清泉，一股股碧绿的泉水，从泉眼咕咕上冒，团团打转；条条溪水淙淙流淌，好像流的不是泉水，而是焦奶。林间杜鹃啼叫，蜜蜂歌唱；湖边大雁挺颈长鸣，天鹅在水上盘旋，小鸭在浅滩嬉玩。②

还有关于各色人等生活空间的描写，更是生动逼真。如《取宝篇》：

就在这样风光明媚的地方，一时间搭起了十八种不同颜色的帐房——那上面是喇嘛的法帐，僧人们正在里面讲法辩经；中间是头人们执法的大帐，里面法官们正在据理评判是非；下边是商人们的商帐，里面摆满了各种商品货物。其中那些高大的帐篷，叫人猛一看还以为是雪山；那些矮小的帐篷，更是多得不计其数。帐房间背水的人来来往往，就像是捣开了巢穴的蚂蚁；拾柴

① 王兴先主编：《取宝篇》，《格萨尔文库》（藏文版）（第一卷），甘肃民族出版社2000年版，第656页。
② 同上。

的人撒遍山山沟沟，就好像冰雹降落大地。就在这些帐房中间，有一顶高大威严的帐篷，显得格外光辉灿烂，引人注目，它就是岭大王觉如的神帐。①

这里既有喇嘛辩经的喧嚣，也有商家云锦的繁华；既有背水姑娘的嬉笑，也有拾柴伙计的欢歌。总之，一切都围绕着英雄格萨尔的大帐在运转。这样的生活场景无处不透出勃勃的生机和祥和的气氛。《降霍篇》中亦有类似的描写：

> 浩浩荡荡的黄河，
> 一泻千里穿过万山，
> 怒涛奔流汹涌澎湃，
> 好比石山妖魔狞笑，
> 犹如狼群豪声震天。
> 潮水飞腾，
> ……
> 好比龙魔怒吼，
> 势如山崩地陷。
> 怒涛翻滚，
> 好比无数鳄鱼翻跳，
> 好比一条铁打的连环，
> 簇拥群象奔腾一般。②

这种祥和的自然景观，物中有我、我中有物、物我合一，勾起人们对美丽家园的热爱和依恋，也表达了人与自然和谐共生的美满。

---

① 王兴先主编：《取宝篇》，《格萨尔文库》（藏文版）（第一卷），甘肃民族出版社2000年版，第656页。
② 王兴先主编：《降霍篇》，《格萨尔文库》（藏文版）（第一卷），甘肃民族出版社2000年版，第1339页。

《天界篇》还有如下记载：

> 在人间南瞻部洲的北方，属于雪域藏土的朵康（mdo-khams），有一块具有福运的风水宝地，它就是人们一见便仰慕的岭地通瓦贡门（mthong-ba-kun-smon）。①

"通瓦贡门"，即"人见人爱"的地方，也是人间的仙境。

三　江河湖泊的描述

在史诗《格萨尔》中，为了抢走格萨尔的爱妃珠牡，霍尔白帐王特派赛沃鸟前去岭国侦察，探明了岭国的情形：

> 我飞往岭国的花花岭，
> 那是南瞻部洲中心地，
> 那是高原吐蕃发祥地，
> 长江黄河发源在那里。
> 玛域上部连着天竺国，
> 天竺本是法运形成地。
> 高山峡谷下面连汉地，
> 汉地财富丰盛兴贸易。
> 南面边界连着阿底戎，
> 那里五谷丰登人畜旺。
> 这边与我阿钦滩毗连，
> 兵强马壮威名传四方。
> 白岭实力能与汉印比，

---

① 王兴先主编：《天界篇》，《格萨尔文库》（藏文版）（第一卷），甘肃民族出版社2000年版，第388页。

地势高险雄关隘口坚。
上有保护神山十三座，
下有巍峨险峻九座山，
中有六山高耸入云端。
河脑上部如同狮子胸，
下有六条河水流得欢。
河阳白岩九重山矗立，
河阴森林茂密千嶂暗。
下河三道神谷相交汇，
河腰是羊羔的喜乐园。
玛嘎勒有上部神仙原，
玛嘎雅有花花老虎滩，
还有幽暗黑谷绕宗城，
著名险地要冲就这些，
其余天然屏障数不清。
黄河之水如铁流，
滚滚波涛泻千里。
小浪好像苍狼跑，
大浪犹如滚岩石。
两岸悬崖魔张嘴，
势如死象欲倒地。
看似鳄鱼把腭弹，
更像龙魔在叹息。
千里黄河湾对湾，
湾湾都有讲经场；
千里黄河湾对湾，
湾湾都有刑法场；
千里黄河湾对湾，
湾湾都有跑马川；

千里黄河湾对湾，
湾湾都有习射滩；
千里黄河湾对湾，
湾湾英雄有豪言。①

通过赛沃鸟的侦查，可以知道，岭国是南瞻部洲中心地，也是高原吐蕃发祥地，滚滚的黄河②发源在那里，上邻天竺下连汉地。同时，岭国还有"讲经场""刑法场""跑马川""习射滩"等人文景观，它们自然而然地与山水合而为一，将人们的生活、文化活动衬托在美丽的山水之间，动中有静，静中有动，为史诗《格萨尔》增添了无穷的魅力。在《公祭篇》中，格萨尔在一段唱词中唱道：

我从天界降升人间时，
曾说野鸭不弃小湖水，
碧湖清水不忘野鸭子，
夏季来临互相有联系；
曾说大鹿不把石山离，
青石山岭不把鹿忘记，

---

① 王兴先主编：《降霍篇》，《格萨尔文库》（藏文版）（第一卷），甘肃民族出版社 2000 年版，第 950 页。

② 黄河发源于巴颜喀拉山山脉北侧，源头五泉喷涌，聚汇成流，名为卡日曲，其东流转北，与约古宗列曲汇合称玛曲河，然后入星宿海，再东流入"扎陵、鄂陵"二湖，经马多、达日、甘德、玛沁、久治出州，果洛境内全部流程为 760 公里，占黄河总流长的 17.77%，人们称之为"玛曲"。玛曲西南出果洛到达甘肃甘南，然后急转向西北流去，又进入青海境内的河南蒙旗、海南、循化再折入甘肃，形成绕积石山脉的第一大河曲。果洛人形容玛曲河曲，像一只蜷曲着身子静卧在草原上醋睡的绵羊，藏族先民就世代吉祥地生活在蜷曲的绵羊的温暖怀抱之中。早在远古时期，时人对黄河的认识已达青海的大积石山。《尚书·禹贡》有"导河积石"之说，禹贡"导河"所至之"积石"，即今果洛境内的阿尼玛沁山，亦称大积石山。《山海经·海内西经》云："昆仑之虚在西北，昆仑之虚，方八百里，高万仞……河水出东北隅，以行其北，西南又入渤海，又出海外，即西而北，入禹所导积石山。"《尔雅》载："河北昆仑墟，色白，所渠并千七百一川，色黄。"据以上古代典籍记载，"河出昆仑"之说与今黄河发源地较为接近。

花草茂盛跟它有联系；
白岭大王不停唤天神，
天神永远保护不忘记，
这与郑重誓言有关系。①

人与自然景观、人与动物、人与天神形成了和谐关系。山水环绕的藏区的自然环境在无形中带给人们无限美好的遐想，也给文学创作提供了很好的素材。此外，当人文生态环境遭到破坏时，岭国将士敢于挺身而出奋勇杀敌：

白岭神部落头人，
请把嘉擦话来听！
白帐霍尔太猖狂，
肆无忌惮欺白岭。
囊俄小弟被残害，
还专挑杀勇士们。
仅仅这些不为足，
又在山谷扎兵营。
茵茵绿草全踩死，
清清溪水被弄浑，
林木被砍被烧光，
所有坏事都干尽。②

外国列强的入侵，使岭国人民伤亡惨重。岭国军队义无反顾地进行了还击，英雄阿努斯潘捐躯于黄河水，绒擦战死于霍尔军营，这些

---

① 王兴先主编：《公祭篇》，《格萨尔文库》（藏文版）（第一卷），甘肃民族出版社2000年版，第751页。
② 王兴先主编：《降霍篇》，《格萨尔文库》（藏文版）（第一卷），甘肃民族出版社2000年版，第1041页。

故事催人泪下。高原的壮士们能大胆地爱，也能勇敢地恨。在自由的心境之中，人的真情和深层的心理意蕴得到了释放。

四　英雄人物的描写

大自然的山和水是最具魅力的，以此做比喻，最能表现人物的个性，使两者相得益彰。

德高望重，智慧超群的岭国总管王是这样被描述的：

> 这位总管王，他平日行动迟缓，就像是大象迈步；说话缓慢，就像那大江的流水；性情温和，犹如春天的太阳；处事稳重，犹如须弥山峰；胸怀宽广，如同无垠的大地。今天不知为啥，竟像老山羊一样咩咩地叫，又像老狗一样汪汪地吠。①

> 人寿长久愿如金刚岩，
> 社稷稳固愿如须弥山，
> 气运兴旺愿像如意树，
> 命运坚牢愿同大地般！②

"大象迈步"是稳重体现；"大江的流水"是有条不紊的体现；"春天的太阳"是性情温和的体现；"须弥山峰"是做事稳妥的体现；"无垠的大地"是宽广胸怀的体现。而"如金刚岩"是长命百岁的象征；"须弥山"是国家社稷的象征。凡此种种，均是对英雄人物形象的讴歌和赞美。

在《天界篇》中，有人物的对白如此："世间有句谚语说：伟

---

① 王兴先主编：《天界篇》，《格萨尔文库》（藏文版）（第一卷），甘肃民族出版社2000年版，第389页。
② 同上书，第391页。

人、大山与大海，坚固不动稳坐好；大政事业忙乱，首领迷方向；大
山动摇频繁，村民遭劫难；大海向上泛滥，土地会被淹。"① 这就将
"大山""大海"与"伟人"置于同等的地位。在以山水为喻的《赛
马篇》中有如此记载：晁通在家中摆上了宴席。在宴会上，对赴宴的
贵宾做了赞美：

> 在宴会上，首座的上师，犹如天空的日月；
> 稳重的叔伯，如同须弥大山；
> 贤惠的姑娘，宛如湖面的白冰；
> 威武的英雄，犹如支支神箭；
> 漂亮的姑娘，恰似夏日的花朵，
> 大家汇聚一堂，看上去真像山口飘来的雪花、山谷腾起的
> 浓雾。

　　岭国有各路英雄豪杰，也有各色人等。通过艺术家们的艺术想象
和加工，将总管王形容为"须弥大山"，将"贤惠的姑娘"形容成
"湖面的白冰"，将前来赴宴的嘉宾形容成"山口飘来的雪花"和
"山谷腾起的浓雾"。这些夸张和比喻，生动地描绘出各种人物形象。
　　此外，圣山、圣水也被作为权力、勇猛以及人丁兴旺的象征：

> ……
> 这是僧珠达孜大王官，
> 是天神胜利的无量官，
> 眼见城堡不堕恶趣中。
> 像座水晶宝塔大雪山，
> 那是玛嘉神山貌威严，

---

① 王兴先主编：《天界篇》，《格萨尔文库》（藏文版）（第一卷），甘肃民族出版社
2000 年版，第 391—393 页。

它象征大王你地位尊。
那座彩虹格卓红石山，
好像红虎面部笑纹满，
象征大臣勇士都勇猛。
碧水缓缓流淌那黄河，
水深如湖鱼儿在畅游，
象征部落人多权势重。①

从这些比喻可以看到，在青藏高原，艺术家们紧紧围绕山和水这样一个主题，其审美取向和价值取向是以山和水这样的自然景观为基础的。

五　生态伦理的审美特征

在青藏高原，藏族先民离不开山川河流和湖泊。在人与自然和谐相处的过程中，藏族先民不仅形成了崇尚自然和敬畏自然的习俗，而且也形成了保护自然的生态伦理观念。以自然山川、河流和湖泊为喻的审美，也是藏族先民在生产、生活的过程中认识自然和利用自然的结果。这种朴素的哲学理念以特定的方式世代传承，一直延伸到现代人们的生活中，成为藏族传统文化的一个重要内容。其审美特征具体体现在以下几个方面：

（一）肯定了人性的主体作用

藏族同胞的自然崇拜习俗和生态伦理道德，是在特定的地域内由特定的人群共同创造、共同繁荣起来的。在人与自然和谐相处的过程中，人是最活跃的因素。可以说人的实践活动是生态伦理道德产生的

---

① 王兴先主编：《公祭篇》，《格萨尔文库》（藏文版）（第一卷），甘肃民族出版社2000年版，第760页。

基础。在高原特定的环境中，由于藏族先民长期面对着巍峨的雪山、圣洁的湖泊、辽阔的草原，铸就了他们的勤劳和勇敢，也造就了他们的独特传统文化。诸如早期苯教经典《十万经龙》就记载了世界源于"龙母"，《格萨尔》也描述了"龙母"诞生英雄格萨尔的故事和"龙女"珠牡成为格萨尔的妃子之传说，这些故事都反映了人与自然是亲和的。人与自然万物息息相关，天地万物与人直接沟通，形成了一个有机整体。也正是藏族先民的这种传统审美观念，才使得史诗《格萨尔》能包裹宇宙、涵盖古今，流传千古。在藏族先民的观念中，山是"念神"的居所，水是"龙神"（水神）的居所。阿尼玛沁雪山，是黄河源头之藏族部落的祖先和山神；而"扎陵、鄂陵和卓陵"三湖，是黄河源头之藏族部落的女神。藏族同胞讲求事物内在的规律性和一致性，多以慧眼灵心去超越时空、超越物象，直接潜入到宇宙自然的底蕴，从而能容纳万物、识别万物，进而在整体上把握浑融合一的美之精髓。

（二）　注入了宗教的思想情感

青藏高原的一山一水、一草一木都伴随着美丽的神话和传说，内容既有天地的形成，也有人类的起源。随着苯教的产生和佛教的传入，藏族社会笼罩着宗教的光环，使得自然万物都灵光闪闪，炫丽夺目。这些内容虽然具有浓郁的宗教思想，却暗含了朴素的唯物观和自然崇拜的文化习俗。这些都对说唱艺人形成了很大的影响。众多的说唱艺人——扎巴、桑珠、才让旺堆、玉珠等人都曾朝拜过这些圣山、圣湖，他们生活在大自然中，与圣山、圣湖有着特殊的缘分，可以说他们的艺术生涯是圣山、圣湖的赐予。

（三）　陶冶了人们的艺术情操

说唱艺人离不开广大的听众，越是人多的地方就越是说唱艺人展示才华的重要场所。通过长期对圣山、圣湖的朝圣，加上与来自四面八方同行的切磋，这些说唱艺人的说唱技艺日趋娴熟，有的能说唱数十部，有的能说唱百余部。在演唱史诗《格萨尔》的过程中，民间说唱艺人不只是"触物生情"，也不只是"借景抒情"，更不只是"有感而发"，其最大的特点是将藏族同胞传统的宗教文化融入史诗《格萨尔》当中，将现实生活中人世间的喜怒哀乐尽情地诉诸其中，并激荡于心中。他们唱出了藏族同胞的心声，把握到了人与自然的节奏和脉动，获得了情感上的升华。

第八章　敬畏生命，遵循自然规律

生存与发展是人类社会的永恒主题。纵观人类社会的文化发展，文学艺术与大自然的状况以及人的精神状况血脉相连、息息相关。文学艺术创作本身就是根植于自然的土壤中的。① 史诗《格萨尔》虽以战争为主要题材，但既能看到其中的刀光剑影，也能领略其中的青山绿水、鸟语花香，更能品味高原民族之浪漫豪迈的情怀。它还原了民族的历史，特别是那些关于人与自然抗争的历史进程和自然环境恶化带来的灾难的描述，更令人不能释怀。

一　猎杀动物的后果

家有家规，国有国法，藏族先民也有自己的习惯法，无论是头人还是平民，一旦肆意猎杀动物，滥杀无辜，就会遭到相关习惯法的惩罚：

> 每日，觉如都到山上猎取鹿茸，到滩上拿石头打黄羊，用绳子捉野马驴，打杀周围山上的野兽，然后用尸肉垒墙，拿兽头围院落，使兽血汇成了海子。他还把附近山路上过往的旅人抓来关进牢房里。他饿了吃人肉，渴了喝人血；用人皮当坐垫，把人头撒山上。这情景啊，神鬼见了会寒心，罗刹目睹要厌恶，就是天

---

① 鲁枢元：《生态文艺学》，陕西人民教育出版社 2000 年版，第 1 页。

龙八部发现了，也要心惊胆战的。①

……

　　觉如是顶宝龙王的亲外孙，
　　原想让他把王位登。
　　而且又是嘉擦的亲兄弟，
　　称他好却像是敌人。
　　偷马的罪行早暴露，
　　又杀死达绒打猎人。
　　这些事情罪过已不小，
　　又把荒山野兽全杀尽。
　　抓取外沟商旅投牢房，
　　吃了人肉还把人血饮。
　　这些事伤了岭神的心，
　　占卦预言星算都不灵。
　　觉如已经犯了法，
　　他在白岭难容身，
　　要把他逐到玛域坪，
　　我总管王就是执法人。②

　　尽管诸多人说情挽留，但还是公理难容，觉如母子被流放到了黄河源头的玛域。按照常规，还有驱逐的程序：岭地六大部落的人们把觉如母子押送启程。驱逐时有一百名喇嘛吹螺，一百位小伙射箭，一百名妇女撒炒面。

　　对藏族先民来讲，冰雪既是水泉之源，又是自然灾害中最大的杀手。雪山是水源的宝库，圣山离不开冰雪的装饰。但如果草原有过量

---

① 王兴先主编：《诞生篇》，《格萨尔文库》（藏文版）（第一卷），甘肃民族出版社2000年版，第484页。
② 同上。

冰雪，也可能导致成千上万的生物灭绝。在史诗《格萨尔》中，对冰雪灾害的描述也不乏其例：

> 在狗年年底和猪年年初的冬春之交，霍尔地方下了一场淹没膝盖的猛烈冰雹，砸死无数牲畜；霍尔河渡口上雹子和冰块前拥后挤，冻结成一座座冰塔；七天之中，河水从河底冻干，人们连饮用的水也无法取到。①

在《格萨尔》中，由于格萨尔曾肆意杀生而被流放。其后一年间，岭国所处之地被积雪覆盖，牲畜再次濒临灭绝：

> 大雪从十二月初一开始下起，一直下得山头插上长矛只能看见枪缨；山沟插下竹箭只能看见箭头。整个岭地，全被积雪覆盖，牛羊牲畜，濒临饥饿死亡；特别是上中下三大岭部地区，积雪更厚。

面对突如其来的灾难，岭国的决心是"一定要找一个没有降雪的地方，不然，牲畜将会一个不剩，全部死光"。② 于是，岭国派出四名勇士察看灾情。他们所到之处，到处是白雪茫茫。当他们到达黄河源头的"桑钦考巴"（seng-chen-khog-pa）、"鲁古泽热"（lu-gu'-rt-se-ri）、"拉隆松多"（lha-lung-sum-mdo）以及玉隆噶达查茂（gyu-lung-ga-dar-khra-mo）等地方时，惊奇地发现"山上一片青色，川里雾气升腾；山上山下，牧草丰厚。估计可供六大部落的牛羊马群，吃上三年也吃不完"。"总管王做出了迁居玛域河曲的决定"，于是大规模的迁徙开始了。"这一天，庞大的搬迁队伍终于出发了。从嘎考山

---

① 王兴先主编：《降霍篇》，《格萨尔文库》（藏文版）（第一卷），甘肃民族出版社2000年版，第1273页。

② 王兴先主编：《诞生篇》，《格萨尔文库》（藏文版）（第一卷），甘肃民族出版社2000年版，第491页。

口往玛考附近看去，队伍就像夏日天空的雨云，浩浩荡荡涌向玛域。"① 由此，整个岭国也迁徙到了黄河源头。"岭国人们迁居玛域后，在当地土地神的佑护下，穷者变富，弱者变强，都过上了幸福的生活。"②

在人类形成与发展的过程中，由于某些综合因素的影响，部族常会出现规模不等的迁移。当然，导致民族和部落迁徙的主要因素不外乎经济、战争和环境等。自然界是养育人类的母亲，而违背自然规律，就会遭到大自然的惩罚。每个民族都有迁徙的历史，部落或部族的迁徙已成为自身生存和发展的一种手段。史诗《格萨尔》所描述的部落迁徙，虽然无法确定它的真实性，但对游牧民族来讲，草原一旦发生冰雪灾害，那无疑就是灾难，动物就会大批死亡，藏族同胞的生活也会受到严重威胁。面对着自然灾害，岭部落走上了举部迁徙的道路。

在敦煌古藏文残卷中，就有藏族先民根据乌鸦的叫声来判断吉凶的记载。③ 这些实例，都向我们展示了藏族先民保护生态环境的观念与意识。藏族先民还把乌鸦看作是神的使者，认为它能预告一日或一年的祸福吉凶。藏族先民出远门时如果遇到鹤、鹰、狼，一般认为是能够平安归来的预兆；黑颈鹤传说是格萨尔仆人的化身；布谷鸟、野鸭、燕子以及金银鸟等是春天的使者；鸟类在家中筑巢，是家庭和睦的象征。这些给我们再现了藏族先民生态文化的基本轮廓。藏传佛教"众生平等，视众如母"的思想对藏族同胞的经济生活、文化生活、思想观念、行为规范、价值取向等都产生了深刻的影响。

在史诗《格萨尔》中，还有描述在战争中保护森林的记载。比如，嘉擦协嘎尔在动员岭国勇士上战场时，一直强调要保护山林。从

---

① 王兴先主编：《诞生篇》，《格萨尔文库》（藏文版）（第一卷），甘肃民族出版社2000年版，第495页。

② 同上书，第501页。

③ 王尧、陈践践：《吐蕃的鸟卜研究——P. T. 1045译解》，《敦煌吐蕃文书论文集》，四川民族出版社1988年版，第96—102页。

种种描述可知，这种保护山林的行为，已经从宗教行为上升为关系部落、国家前途的自觉行为，这种文化习俗代代相传、不断得到强化。对于破坏森林植被的行为，史诗《格萨尔》这样谴责道：

> 白岭神部落头领，
> 请把嘉擦话来听！
> 白帐霍尔太猖狂，
> 肆无忌惮欺白岭。
> 囊俄小弟被残害，
> 还专挑杀勇士们。
> 仅仅这些不为足，
> 又在山谷扎兵营。
> 茵茵绿草全踩死，
> 清清溪水被弄浑，
> 林木被砍被烧光，
> 所有坏事都干尽。

在史诗《格萨尔》中，辛巴梅乳孜谴责装扮成渔户打鱼的格萨尔：

> 狂妄大胆的渔夫，
> 你们心中可清楚？
> 霍尔大川大河水，
> 全属霍尔流本土，
> 水中鱼儿无其数，
> 跟霍尔人共生息。
> 其中三条金眼鱼，
> 是霍尔三王寄魂鱼。
> 我们霍尔山野里，

禁止人们来打猎，

我们霍尔河水中，

禁止人们来捕鱼。

谁若打猎捕鱼类，

依法严惩不放生！

由此可见，在藏文文献中，其记载的藏区社会已有了为维护本部落利益而制定的关于禁止藏族先民滥捕滥猎、破坏生态的相关规定。自古以来，藏族同胞就形成了关爱生命的文化情结，有专门的"放生节"，藏语称"才塔尔"（tshe-thar）。① 这是一种普遍存在于藏区的民间习俗，在各大小藏传佛教寺院，"放生节"一直被当作一个固定的节日来举行。这个节日在各地区的表现形式大致相同：将生灵放归自然，任其自生自灭。这就倡导人们，一方面，要敬畏自然，感恩自然，明白人类在自然中的恰当位置，尊重众生的生存权利；另一方面，要教化人们懂得遵循规律，趋利避害，取之有度。

二　保护草原生态

在青藏高原，除部分农业区的藏族同胞从事农耕外，还有相当一部分藏族同胞从事牧业。他们一般生活在草原深处。因此，保护草原、保护水源、保护树木是他们天经地义的事情。在史诗《格萨尔》中，由于格萨尔曾大肆破坏环境，格萨尔母子被部落驱除出境，最后流落到了玛域地区。这里原本是"宝藏之门"（gter-sgo），"东边的蕨麻（gro-ma，人参果）有马头那么大，南边的蕨麻有公牛头那么大，

---

① "放生节"，在拉卜楞地区一般于正月初八在拉卜楞寺举行，每逢节日，在图丹颇章院内僧众诵经并跳法舞，然后在各地牧民送来的牛、羊、马身上撒上净水，系上彩带放走。凡是被放生的牲畜都被视为"神牛""神羊"或"神马"，任何人不敢猎取。当天拉卜楞寺的总执法僧在拉卜楞寺"从拉"（tshong-ra，市场）向各地朝圣的香客和当地村民宣布治安事项。参见苗滋庶等编《拉卜楞寺概况》，甘肃民族出版社1987年版，第59页。

西边的蕨麻有母牛头那么大，北边的蕨麻有羊头那么大"。① 当地土地肥沃，草原植被极好。然而，在黄河堪隆六山（rma-smad-mkhan-lung-ri-drug）地带，却地鼠泛滥，"山头的黑土被翻遍，山腰的茅草被咬断，大滩的草根被吃掉。人到这里，会被尘土埋葬掉；牲畜到这里，会被饥饿折磨死"。人鼠大战便拉开了序幕。

> 古代藏族有谚语：
> 毁坏田地的是老鼠，
> 扰乱村寨的是强盗，
> 拆散家庭的是悍妇。
> 你们作害的老鼠精，
> 干下的坏事无其数。
> 看你们今天的坏主意，
> 是想消灭所有大部落。
> 抢去草原牧草难养畜，
> 毁坏上供花田难敬佛。
> 草原牧人幸福全散失，
> 所有坏事都是你们做。②

在格萨尔的努力下，终于消灭了地鼠。

地鼠是草原的公害，据资料显示，曾有一段时间，黄河源头的草原每年都要被地鼠吞噬数万公顷。改革开放后，党和政府加大了对草原的监管，实行了各种保护措施。防鼠害的斗争在历史上就曾出现过，尽管史诗《格萨尔》带有神话的色彩，但足见藏族同胞与自然灾害做斗争的历史事实。

---

① 王兴先主编：《诞生篇》，《格萨尔文库》（藏文版）（第一卷），甘肃民族出版社2000年版，第486页。

② 同上书，第487页。

在部分地区，按照部落的习俗，损坏草原也有赔偿的要求：

在这美丽的草原上，
丛丛青草已结籽，
弄撒要拿酥油赔。
草上露珠一滴滴，
踩落要拿绸子赔。
草茎根根在喷香，
折断要拿金簪赔。
百花盛开颤巍巍，
撞花要拿松石赔。
溪水清清起涟漪，
弄浑水头用奶赔。
树枝交蔽像拉手，
砍断树叶用马赔。
果实累累如垂珠，
打落果子用羊赔。
石头砸破用铅粘，
开辟道路用金赔。
吃草就要讨草价，
饮水就要掏水税。①

茫茫草原，看起来无人，草原的主人却无处不在，只要你不怀好意，马上就有人来劝阻。破坏草原"要拿酥油赔"，踩落草上露水"要拿绸子赔"，折断草茎根根"要拿金簪赔"，撞坏盛开的花朵"要拿松石赔"，这种传统习俗由来已久。保护江河湖泊，还要保护水中

---

① 王兴先主编：《降霍篇》，《格萨尔文库》（藏文版）（第一卷），甘肃民族出版社2000年版，第1345页。

的鱼，使其不能遭到破坏。藏族同胞认为，水中万物皆属于龙族，水源被破坏，会导致灾难降临。这在客观上，极大地保护了水生物的多样性，促进了水生态的平衡：

> 我们霍尔山野里，
> 禁止人们来打猎，
> 我们霍尔河水中，
> 禁止人们来捕鱼。
> 谁若打猎捕鱼类，
> 依法严惩不放生！

　　时至今日，在部分藏区，为了防止偷猎者和违反封山禁令者等，藏族同胞每逢夏秋两季都要进行不定期的搜山。20 世纪 50 年代，在四川的杂曲卡、色达等地也进行草原巡查。"搜山是牧区地方法的核心，保卫家乡安全最重要的事情就是进行搜山。"① 有些史料，还将此举纳入传统习惯法的"军事习惯法"中。比如："青海果洛地区还将警戒的内容、措施写入习惯法条文。其中规定，与外部落发生严重纠纷时，由头人宣布戒严，禁止与外部落往来，布置防线。白天巡逻设卡，夜间值更防范。发现敌情，白天由头人发出音调高而长的'咯咿'声，夜间在山顶放火报警。"②

　　在云南藏区，当人们举行婚礼时，左邻右舍要送一桶净水。男方在水桶上放一支柏枝，新娘到门前下马后，送亲的人们要在木桶上献一条哈达，以示祝福。新娘拿起柏枝，沾桶里的圣水向天空连洒三次，以示祭三宝，完后敬献哈达，绕转水桶三圈，喇嘛们念经挥洒圣水，为其洗礼。藏历新年，在部分地区还有抢"头水"的习俗。"头水"为"金水"，"二水"为"银水"。饮用这种净水或洗漱，可以

---

① 南卡诺布著，索朗希译：《川康牧区行》，四川民族出版社 1988 年版，第 74 页。
② 何峰：《〈格萨尔〉与藏族部落》，青海民族出版社 1995 年版，第 90 页。

祛病增福。①

禁止乱砍滥伐树木也是藏区的习俗。如 11 世纪的著名高僧热罗多杰扎，除了广布佛法外，还要求阿里三部、卫藏四区，还有聂、罗、佳以及达、贡、阿各地封山禁伐，保护森林和野生动物，安置猎人和渔民，使其放弃猎杀职业。由此，出现了风调雨顺，水盛草茂，人畜兴旺，社会安宁，人人行善戒恶的吉祥升平景象。② 四川的白马、西藏的林芝以及云南的迪庆等藏区，有崇拜树木的习俗，人们将树木视为神树，砍伐的现象很少。

自古迄今，藏传佛教界的宗教人士，为保护环境、关爱自然做出了杰出贡献，他们号召人们保护森林，植树造林，而且制定禁令条文，将规章制度付诸实践，在广大人民群众中树立起了良好的形象。几千年来，在干旱寒冷的气候条件下，高原生态环境仍得到了较好的保护，人们靠的不是外在强制性的手段，而是内在的道德观念和心理素质，这便是视草原为神圣的、朴素的禁忌观念。自然禁忌行为是藏族生态文化的重要内容，对保护环境发挥了强有力的保障作用。③

三　遵循自然规律

遵循自然界的客观规律，是人类生存的法则。在青藏高原，藏族先民为了适应自然环境，在生产生活中总结出了一整套宝贵的农牧业生产经验。如《天界篇》：

世间寒热作基础，

---

① 陈树珍：《谈藏族、纳西族水、木文化中的生态意识》，中国社会科学院民族文学研究所和云南省迪庆藏族自治州于 2001 年 10 月召开的《格萨尔·姜岭之战》与藏、纳西族文化关系暨第四次《格萨尔》精选本编纂工作学术研讨会的交流论文。

② 热·益西森格著，多识·洛桑图丹琼排译：《大威德之光——密宗大师热罗多杰扎奇异一生》，甘肃民族出版社 1999 年版，第 176 页。

③ 南文渊：《高原藏族生态文化》，甘肃民族出版社 2002 年版，第 94 页。

才有夏季与冬天。
大海上面不起雾，
天空不会降细雨。①

大地腹部没湿气，
田间五谷不成熟。
若无父母合精血，
神子人体从何出？②

在三春不播下籽种，
到三秋收不到五谷。
在三冬不饲养奶牛，
到三春挤不出牛乳。③

这是藏族同胞总结出来的与季节变化、冷暖干湿变化有关的农牧业生产规律。又如：

平川广袤大地上，
肥田沃土五谷丰，
犏牛地上勤耕耘，
肥沃土地方显能。④

三山腰部水浇地，
五谷丰登六畜旺，

---

① 王兴先主编：《天界篇》，《格萨尔文库》（藏文版）（第一卷），甘肃民族出版社2000年版，第404页。
② 同上书，第406页。
③ 黄文焕译：《赛马称王》，西藏人民出版社1988年版。
④ 李朝群著，顿珠译：《格萨尔王传：察瓦箭宗》，西藏人民出版社1987年版。

养活岭尕黑头人。
三山脚下清水流，
鱼儿生息在水中，
嬉戏漫游张金翅。①

有肥沃的土地才能硕果累累；有丰美的草原才能牛羊遍地。雪山是万水之源，只要雪山积雪永存，那么溪水就能常流；只要大山还存在，大鹿就能成群结队地吃草。这种辩证的思维反映出了藏族先民对自然规律的领悟：

只要大山不倒下，
大鹿总要成群结队；
只要雪峰化不完，
河水就永远流不干……②

在《诞生篇》中，讲到了一年四季的转换规律：

太阳月亮运行在天空，
太阳送给四大洲温暖，
月亮专司驱逐夜黑暗，
这是自然分工要这般。
石山草山屹立大地上，
草山夏季葱茏秋枯黄，
石山四季如旧不变色，
这是自然分工不一样。③

---

① 《门岭之战》，甲措顿珠译，西藏人民出版社 1984 年版，第 60 页。
② 王兴先主编：《诞生篇》，《格萨尔文库》（藏文版）（第一卷），甘肃民族出版社 2000 年版，第 420 页。
③ 同上书，第 424 页。

自然规律有不可抗拒性，也有不可逆转性。人与自然、人与环境
的关系是相互依存的关系：

> 三件事情难逃避：
> 一是日出要天亮，
> 二是日落黑暗罩，
> 三是人老必死亡。
> 千条江河归大海，
> 决不逆流把头掉。①

> 我从天界降生人间时，
> 曾说野鸭不弃小湖水，
> 碧湖清水不忘野鸭子，
> 夏季来临互相有联系；
> 曾说大鹿不把石山离，
> 青石山岭不把鹿忘记，
> 花草茂盛跟它有联系；
> 白岭大王不停唤天神，
> 天神永远保护不忘记，
> 这与郑重誓言有关系。②

碧水荡漾才有成群野鸭，山清水秀才有大鹿觅食。相互呼应的生
态链，打造了大自然的和谐景象：

> 天鹅展翅飞北方，

---

① 王兴先主编：《降霍篇》，《格萨尔文库》（藏文版）（第一卷），甘肃民族出版社
2000 年版，第 965 页。
② 王兴先主编：《公祭篇》，《格萨尔文库》（藏文版）（第一卷），甘肃民族出版社
2000 年版，第 751 页。

是去碧湖把家安。
如果湖水不干枯，
天鹅自会落湖边。
绵羊奔向高山冈，
是把青青花草馋。
花草若未遭霜杀，
绵羊自会上草山。
杜鹃飞向森林里，
是因果多食新鲜。
果实若未遭雹打，
杜鹃自会来林间。
达萨离家去岭地，
是为成亲寻夫君，
如果囊俄他在家，
达萨自会留白岭。①

地气升腾形成云，
天空雨水降大地，
雷电雾霭从此生，
这叫天地相调和。
夏水冬季结成冰，
天空雨水降大地，
冷热相间植物生，
这叫冬夏相调和。
善业净化罪孽果，
怕下地狱修善业，

①　王兴先主编：《降霍篇》，《格萨尔文库》（藏文版）（第一卷），甘肃民族出版社2000年版，第1005页。

　　　善恶之间识前途，

　　　这叫善恶相调和。

　　　霍尔好比红清茶，

　　　岭国就像白酥油，

　　　酥油调茶喷鼻香，

　　　两家不合没理由。①

　　"天地调和""冬夏调和""善恶调和"构成了生态伦理观念的主旋律。从顺应自然、敬畏自然到融入自然，已经成为藏族同胞生存的一个重要法则。

　　从以上的这些实例可以看出，藏族先民总结出了农牧业生产经验，认为水是生命之源，要遵从季节的转换规律和其他自然规律，要重视人与大自然生态链的关系。这些经验至今仍在藏族同胞的生产生活中发挥着重要的作用。藏族地区的牧业文化很发达。在广大的牧区，很早就已形成一种不成文的科学放牧习俗——这就是合理利用和培育草场，这为青藏高原生态环境的保护做出了巨大的贡献。藏区牧民一般按一年四季的不同，将草场分为春季草场、夏季草场、秋季草场和冬季草场，并养成一种逐水草而放牧的习俗。特别是在夏季，广大牧民十分关心秋季和冬季草场的护理。② 可以说，藏族农业文化有着自己与众不同的特质，这主要同其所处自然环境有一定的关系。譬如，青藏高原的自然地理环境具有六大特性：即山高谷深、江河纵横、湖泊众多、森林绵延、雪山盖地、草原辽阔。而高原的藏族同胞之生存条件尤其与大江大河息息相关，他们大多数人不是生活在高原草地从事纯牧业，而是居住在大江大河的两岸从事农业，或以农业为主同时兼有林牧业等，现在称其为半农半牧的生产方式。③

---

　　① 王兴先主编：《降霍篇》，《格萨尔文库》（藏文版）（第一卷），甘肃民族出版社2000年版，第1194页。

　　② 尕藏加：《文化时空与信仰人生》，西藏人民出版社2014年版，第2—3页。

　　③ 同上书，第3页。

四　践行生态伦理观念

　　青藏高原有很多江河湖泊，藏族同胞往往给山川湖泊赋予神性。他们认为对山川湖泊顶礼膜拜、多次绕转可消除罪恶，可以保佑人畜兴旺。他们对山川湖泊的崇拜，反映了藏族同胞对生态环境的认识，也遏制了一些人对自然环境的破坏；甚至由此形成了一系列的禁忌和禁令。禁忌的内容非常广泛，包括：禁止挖掘神山、砍伐树木；禁止打猎、伤害兽禽鱼虫；禁止污染神山；禁止在神山上喧哗；禁止将神山上的一草一木带回家去。

　　藏族同胞对草木有着特殊的情感，常常借用神的名义保护草原和森林。藏族同胞不仅严禁在草地上胡乱挖掘，而且还禁止随意举家搬迁、另觅草场。在西藏山南地区，还禁止在田野中赤身裸体。当藏族同胞每年依据不同的季节转移牧场时，要请喇嘛诵经，在做完宗教仪式后，择日统一搬迁。因为众多的牛羊大规模迁移，肯定要惊动山神、土地神，也会对水草产生影响，必须在进行悉心的安置后方可进行。

　　藏族同胞"逐水草而居"的游牧习俗，对保护草原的生态平衡十分有益。"轮牧制"的生产方式遵循了牧草的生长规律，牧民按季节的不同和牧草生长的好坏，有组织、有规律地在不同的放牧点之间循环放牧，较好地解决了草场使用与牧草再生的关系问题，草场由此得以恢复，进而保护了草原的生态。夏季草原，牧草生长，碧草如茵，山花烂漫，此时牧民随意不能搬家，因为嫩嫩的草芽会被牲畜践踏。牧民不能在草地上挖渠，因为容易造成水土流失，破坏草场。牧民不能在山上挖掘采集草木和药材，因为容易造成草山沙化。高寒草原，植物生长极为艰难，牧民因此十分珍惜草木。当藏族同胞从事农业生产的时候，不能随意挖掘土地，以此保持土地的纯洁性；若要动土也要先祈求土地神，不能在地里烧破布和烧骨头等恶臭之物。秋收后藏族同胞要举行"望果节"，感激诸守护神赐给了一个丰收之年。

　　水更关系到人类的生存。水是生命之源，也是神圣的东西。藏族同胞认为江河之中都有神灵，并且经常祭祀这些水中的神灵。藏族同胞把祈祷文写在布条上，用绳子将其系好，拉在大河、小河上，以期神灵佑护。藏族同胞忌将污秽之物扔到湖（泉、河）里；忌在湖（泉、河）边堆脏物和大小便；忌捕捞水中动物等。在青海湖，每逢藏历羊年，都有数以万计的藏、蒙、汉等民族同胞来此转湖。在历史上，历代中央王朝也非常重视青海湖。该湖曾经得到唐玄宗、宋仁宗、清雍正等皇帝的加封，至今共和倒淌河一带还保存有清朝修的海神庙，以此祭祀"海神"。藏族同胞不能在湖水中洗头、洗脚、洗澡和洗衣服，不准污染湖水，以保持圣洁。在藏区，分布有大小湖泊两千多个，几乎每一个湖泊和每一条河流都是神灵的栖息处，诸多圣湖都是神灵居所，能保护地方安宁。藏族同胞不在湖中乱扔东西，不在湖周围乱砍滥伐，不在湖中捕鱼。这使人们养成了一种保护生态环境的自觉行为。

　　青藏高原是野生动物的王国。据不完全统计，20世纪70年代，西藏有哺乳类动物一百一十八种，鸟类四百七十三种，爬行类四十九种，两栖类四十四种，鱼类六十一种，昆虫两千三百多种，西藏被人们称为"世界上最高的天然动物园"。

　　藏族同胞最大的禁忌便是杀生。由于受藏传佛教的影响，藏族同胞认为必须善待自然界万物，随意打猎者和乱捕乱杀者会遭到鄙视和谴责。藏族同胞忌捕杀鹰鹫，因为天葬离不开鹰鹫。藏族同胞认为藏獒是人类的朋友和伙伴，看家护院、保卫羊群都离不开它们。此外，藏族同胞还有很多禁忌，如忌惊吓任何鸟禽；忌拆毁鸟窝驱赶鸟；忌食用鸟类肉；忌食用禽蛋；忌猎捕兔、虎、熊、野牦牛等；忌侵犯"神牛"与"神羊"；忌外人清点牛羊数；忌在牲畜生病时别家妇女来串门做客；忌食用一切爪类动物肉；忌食用圆蹄类动物如驴、马、骡等肉；忌在宗教节日时（正月十五、五月十五、六月六日、九月十一等日子）宰牛杀羊；忌故意踩死、打死虫类。

　　藏族同胞有一种习俗叫"禁春"——即在春天里，规劝人们不要到野外去。因为春天是生长的季节，嫩草吐绿，幼虫蠕动，万物蓬生；如果人们都去郊游，会践踏这些柔弱的生命。虽然物质财富是现代人们追求的生活目标，但是藏族同胞更注重对精神生活的向往。僧尼和一些信徒要"闭关静修"，他们还常年过清贫生活，清茶和炒面是必备的饮食，一件羊皮袄既可当衣穿又可作被盖，长年累月与牛羊为伴就是精彩人生。

佛教主张平等对待一切众生，慈悲善待一切有生之物，因而有"不杀生"的禁忌。开始主要是对出家僧人而言，禁止僧人宰杀牲畜及野生动物，禁食荤肉。在印度佛教中有"夏安居"的习俗，相传最早由婆罗门教实行，每到雨季，教徒们怕踩死山中的昆虫，禁止外出；后来佛教也规定在雨期六十天后，僧侣才能外出托钵化缘，以免破坏稚草，踩死昆虫。佛教的"夏安居"和"不杀生戒"传到西藏后，得到僧侣们的普遍遵守。随着佛教的广泛传播，其戒条也成了藏传佛教民众恪守的信条。正如宗喀巴大师所言：皈依佛法后，就要断除伤害众生的心念……我们对其他的人或者是对畜生决不能鞭打、捆绑、囚禁、穿鼻孔……藏传佛教认为，杀动物属于不净之业。若是杀害牲畜，就是犯了重罪。藏传佛教还指出："做杀害牲畜祭祀以为是在求正法，所以持此邪见杀害众生；又婆罗门等众外道为了满足食肉的愿望，借口说出一切畜生是由世主赐给人、天所受用的食物，所以杀害牲畜就没有罪过，说出种种邪知、邪见的言辞，尔后又说这些都是为了正法故而杀生等等，以上这些所作所为皆属重业。"① 藏传佛教信众对任何生灵都不敢妄动，甚至连捉到的臭虫、虱子也不肯弄死。藏传佛教信众即便是在草原或在森林中行走，也要故意弄出响声驱走动物，以免动物受到伤害。对有些动物和飞禽，藏族同胞更是特意加以保护——如狮、虎、象、野马、孔雀、猴、乌鸦等，因为它们被奉作英雄人物和高僧大德的象征。藏传佛教认为，猴子与藏族人类起源有关；乌鸦被看成是人类的主宰，是通灵的神鸟，它的不同叫声

① 宗喀巴：《菩提道次第广论》（藏文版），甘肃民族出版社 2008 年版。

可以表示吉祥、事急、无恙、财旺。这种通过宗教禁忌来保护野生动物的做法，直到现在仍然在继续。在藏传佛教一年一度的毛拉姆大法会期间，就明确规定参会僧众不准损伤禽兽；寺院定期举行放生祭祀活动和封山活动，以此保护动物；僧侣见到捕鱼者，应买下所捕之鱼重新放回河里，以此积德行善。

历代西藏地方政府，甚至个别较大的寺院，均制定了一系列保护神山、保护草原、植树造林的规定，这些规定极大地改善了青藏高原的生态环境。如帕竹地方政权首任万户长绛曲坚赞，曾要求部落民众：在我们全部土地和势力范围内，每年要保证栽种成活二十万株柳树，要委派守林人验收和保护。人人要管好无穷无尽的宝藏。要发菩提心和植树。由于一些地方和沟谷林木疏落，所以划分耕地要根据时令季节，不要拔除树根，要用锋利的镰刀和工具划界，划界后要植树。拉卜楞寺创建于清康熙四十八年（1709），从建寺开始，寺主第一世嘉木样活佛就倡导寺僧每年在寺院对面的大林廓、小林廓植树造林，三百多年过去，此地松涛如海，绿树成荫。凡是有神山、神湖的地方，或者是在佛教寺院周围，均林木茂密，山清水秀，风光秀丽，生态良好。相传，布达拉宫后面龙王潭中的柳树就是那时种植的。第八世达赖喇嘛明确规定，要确定山川河流、林地的权属，禁止乱伐乱用，违者按条文判决。近代鸦片战争之后，当地政府发布命令："为保证西藏地区风调雨顺得以丰收及保护土质等。在彼地区的神、龙的住地——山、海和红庙等地方，需埋神瓶、龙瓶……"四川德格夏克家划定山林、牧场为神山、禁地，晓谕广大牧民不准放牧，严禁侵犯神林，不许砍伐一根柴，若敢违犯，吊九次外并罚白银二十五两。《康定、道孚、丹巴调查材料》记载："下种后不能砍树，若砍了树会触犯天神，天就要下冰雹；秋收前后不能割草，否则会触犯地神就要打霜；下种后不能在近处挖药，挖了会触犯土神就会放出虫来吃庄稼。"这样既保护了植被，也保持了生态平衡。由于宗教信仰，加上对山水的崇拜，这些生态保护行为得到了民众的广泛支持。

清政府为青海的藏族和蒙古族制定有《番例条款》，其第三十三条规定："凡砍杀牲畜者，除赔偿外，罚一九；误射马匹死者，照数加赔，未死者罚一岁牛。"历代西藏地方政府，都明文规定了对随意猎杀动物的处罚。形成于吐蕃时期的《十善道德法》有禁杀牛、羊等动物的规定。清朝时期，藏巴汗的《十六法典》和第五世达赖喇嘛时制定的《十三法典》都有禁止狩猎、救护动物的禁令。1932 年，第十三世达赖喇嘛向藏区藏传佛教各寺院颁布了《日垄法章》：每年"从藏历正月初七至七月底期间内，寺庙规定不许伤害山沟里除狼以外的野兽、平原上除老鼠以外的动物。违者皆给不同惩罚。总之，凡是水陆栖居的大小动物，禁止捕杀的文告已公布，文武上下人等任何人不准违犯"。《卫藏揽要》规定："禁止杀鱼鹿及其他禽兽，噶伦卜当以其条件谒请布达拉，西藏山谷中所有无害动物，宜保护其生命。"①

　　类似的禁猎法令还见于部落法规中。四川藏区的部分地方规定：下种后不能打鱼，否则就会触犯水神，导致干旱。青海刚察部落内部规定：一年四季禁止狩猎。捕杀一匹野马罚白洋十元；打死一只野兔或一只哈拉（旱獭），罚白洋五元。甘肃甘南的甘家部落规定：在甘家草原禁止打猎，若外乡人捕捉旱獭，罚款十到三十元；本部落的牧民被发现捉旱獭，罚青稞三十升。四川理塘《十三条禁令》规定：严禁猎杀鹿、雪猪、岩羊、獐子、狐狸、水獭等，否则罚藏洋十到一百元不等。一般来讲，法规是强制性的；禁忌是神圣观念的伴生物，它是非强制性的。通过这两种形式，可以约束和限制人类认识自然和改造自然的活动，规范人类的生态伦理观念和伦理行为。这样既保护了物种、实现了生态平衡，反过来也强化了人们的宗教意识。②

　　千百年来，青藏高原形成的各种禁忌，保护了生态环境，规范和丰富了藏族同胞的生态伦理观念，并且一直贯穿于藏族同胞的各种习俗之中。藏族同胞对自然环境的谨慎适应和合理利用，限制了家畜数

---

　　①　《中国方志丛书》，《卫藏揽要》，成文出版社民国六年版。
　　②　索南才让：《神圣与世俗——宗教文化与藏族社会》，西藏人民出版社 2014 年版，第 58 页。

量的过度增长，限制了草原的过度利用，给飞禽走兽等生物以生存的空间，从而维护了高原生物的多样性。

五　习惯法规中的生态理念

在历史上，藏族社会逐渐形成了三种生态保护法律法规，这三种法律分别是由西藏地方政府、西藏各地区部落以及各藏传佛教寺院制定的，在客观上对保护高原的生态环境发挥了重要作用。

首先，是从西藏地方政府保护生态环境的层面来讲。早在吐蕃王朝时期，就已经有以佛教相关规定为基础的法律条文，明确提倡因果报应，杜绝杀生恶行，同时还有严禁盗窃部落牛羊的规定。

吐蕃王朝灭亡后，处于分治时期，苯教逐步销声匿迹，藏传佛教却得到广泛传播，在高原社会的部分地区，宗教首领和世俗首领结合起来，逐步实行"政教合一"制度，以法令的形式制定并颁布了一系列环保法规。1505 年，法王赤坚赞索朗贝桑波颁布文告："尔等尊卑何人，都要遵照原有规定，对土地、水草、山岭等不可有任何争议，严禁猎取禽兽。"到了 17 世纪初，由西藏噶玛政权发布的《十六法典》规定：为救护生命重危之动物，使它们平安无恙，遂发布从神变节（正月十五）到十月间的封山令和封川令（即禁止进山狩猎、禁止下河川捕杀水栖陆栖大小动物）。1648 年，第五世达赖喇嘛统治时期，颁布了禁猎法旨："教民和俗民管理者、西藏牧区一切众生周知：……圣山的占有者不可乘机至圣山追捕野兽，不得与寺中僧尼进行争辩。"《十三法典》说："宗喀巴大师和格鲁派教义，对西藏地方政教首领曾颁布封山蔽泽的法令，使除野狼而外的兽类、鱼、水獭等可以在自己的居住区无忧无虑地生活。"这个法令与其他根据"十善业道"而颁布的法令一起实施。该法典中重申了封山蔽泽令，明确规定："在假日的五个月发布封山蔽泽令。"其在时间上有严格的界限：即春夏季节要封山蔽泽，以保护生长中的植物与动物。这表明对自然规律的尊重与服从。民国二十一年（1932），第十三世达赖喇嘛发布训令："从藏历正月初至七月底期间，寺庙规定不许伤害山沟里除狼以外的野兽、平原上除老鼠以外的动物，违者皆给不同惩罚。总之，凡是在水陆栖居的大小一切动物，禁止捕杀。文武上下人等任何人不准违犯。……为了本人的长寿和全体佛教众生的安乐，在上述期间内，对所有大小动物的生命，不能有丝毫伤害。"

其次，从西藏各地区部落层面讲。如严格规定："禁止狩猎，如发现随便狩猎者，没收猎物、枪支，然后鞭打或罚款。"部分部落规定："不能打猎，不准伤害有生命的东西。否则罚款。打死一只公鹿罚藏洋一百元，打死一只母鹿罚藏洋五十元，打死一只雪猪（或岩羊）罚藏洋十元，打死一只獐子（或狐狸）罚藏洋三十元，打死一只水獭罚藏洋二十元。"青海刚察部落规定：四季禁止狩猎，若捕杀一匹野马者罚白洋十元；打死一只野兔或一只哈拉（旱獭）者罚白洋五元。还规定：千百户对下属部落和帐圈的草山有调整权；对因草山纠纷引起争斗有裁决权；对气候温和、水草丰美的草山有优先使用权。海南藏区阿曲乎部落习惯法规定：依照部落俗规和千户的意志安排四季轮牧，包括迁圈的时间、落帐地点、使用草场的范围等。违背通知的迁圈日期，擅自早搬者或拖延搬迁者要受"日求"（帐户搬迁约束）的处罚。如因越界放牧引起争端，还要处罚。外地放牧者要在得到千户的允准后方可进行，还须遵守该部上述迁圈、用草规矩。果洛藏区莫坝部落法规定：引起草山失火者，罚全部财产的十分之一；超过草山界线放牧者，罚牛一头。甘肃甘南藏区的甘加部落规定："在甘加草原禁止打猎。若外乡人捕捉旱獭，罚款三十元；本部落的牧民被发现捉旱獭，罚青稞三十升（每升五市斤）。"19 世纪初，四川甘孜藏区色达部落，由阿握·喇嘛丹曾大吉制定的《黄皮律书》规定：封山禁谷，严禁狩猎，严禁使用猎枪和猎狗捕杀野生动物等，对这些禁令当地僧俗都必须严格遵守。木拉地区不准砍神树，也不准到其他头人辖区内砍柴，对上山砍柴者，罚藏洋十元到三十元；越界砍柴者除罚藏洋十元之外，还得退出所砍的柴，并没收砍柴工具。四川部分牧区还在夏秋两季不定期搜山，主要任务就是侦察有无偷猎者、有无破坏封山禁令者和盗贼等。四川理塘藏区部落内部规定："不准打猎，不准伤害有生命的生物。若打死一只公鹿罚藏洋一百元；打死一只母鹿罚藏洋五十元；打死一只雪猪或一只岩羊罚藏洋十元；打死一只獐子、狐狸罚藏洋三十元；打死一只水獭罚藏洋二十元。"

这种自发的、以社会规范为基础的管理社会生态秩序和社会生态规则的藏区部落习惯法，贴近了普通牧民的生活，也在农牧民群众中产生了很大影响。习惯法中的生态禁忌对藏区牧民来说是良心的命令，违反这种命令会引起一种负罪感。这种自明的负罪感往往表现为自我行为约束和精神强制——亦即心灵强制和神力强制。也就是说，违禁的后果将可能受到心灵的恐吓和神秘力量的惩罚。①

六　结语

有史以来，藏族同胞就敬畏生命、尊重自然、遵从自然规律。这种朴素的自然观念对经济可持续发展和人类生存都具有重要的启示。

（一）塑造民族的精神家园

青藏高原，像一个星罗棋布的"聚宝盆"。正如《格萨尔》所描述的：这里有众多的"碧湖"，那满载福运的水孕育出了众多的生命；这里有广阔的草原，那成群的牛羊如白云般移动，让人感到山峰在摇，草木在走。那"玛戴雅花虎滩"，既是勇士们练武射箭的靶场，又是年轻女子们唱歌跳舞的场所；这里牧草丰茂，百花争艳，溪水淙淙，杜鹃啼叫，蜜蜂歌唱，天鹅盘旋，小鸭嬉玩；这里有喇嘛讲法、头人们执法、商人们经商，来往的行人就像是捣开巢穴的蚂蚁。那"千朵莲花草原上"，大帐星罗棋布，僧人"成百上千"，金银财宝堆积如山，牛马骡羊遍布山冈，背水拾柴的人成群结队，炊烟遮住

① 苏雪芹：《青藏地区生态文化建设研究》，中国社会科学出版社2014年版，第118—121页。

了太阳，一片生机盎然景象。由此可见，青藏高原是藏族同胞心目中美好的家园。在这里，自然界的生态规律与人们的神话传说达到了完美的一致。

（二）自然界是人类"赖以生活的有机界"

人类在自然灾害的逼迫下经常选择迁徙，无论是哪个民族都有自己的迁徙历史——或因大的战乱，或因大的自然灾害，或为生活得更加美好。藏族先民无论迁徙到哪里，禁止杀生一直是传统并沿袭下来，更成为今天习俗的重要组成部分。藏族同胞普遍认为自然神灵无处不在，无所不能。水源是龙神之所，不能随意污染，否则会亵渎龙神，遭到报复。而千百年来流传的祭祀龙神的习俗，更蕴涵了藏族同胞的一种关爱生命的情结，成为自觉保护生态环境的无形资产。

中国古代思想家也正是从"天人合一"的认识出发，提出了许多节制人类行为、保护自然资源、合理利用自然资源的主张。如春秋时期的庄子说："民食刍豢，麋鹿食荐，虫即蛆甘带，鸱鸦嗜鼠，四者孰知正味？"庄子又说："当是时也，山无蹊隧，泽无舟梁；万物群生，连属其乡；禽兽成群，草木遂长。"这些都说明，庄子有万物相连、群生群长的整体观念。春秋时期齐国的宰相管仲，将齐国治理得富裕强大。他主张"山泽林薮积草天财之所出"——即山林、湖泊、茂草都是国家财富的来源。

"青藏高原的资源保护和利用得如何，生态环境保护得怎样，关系到长江流域、黄河流域和印度河流域的发展与兴衰，也就是说，关系到东方两个文明古国的繁荣昌盛……因此，保护好水资源，保护好青藏高原——首先是黄河、长江源头即三江源的生态环境，就是保护人类自己，就是保护中国和印度这两个东方文明古国的灿烂辉煌的历史文化。"[1] 人与自然的和谐相处是一个永恒的话题，保护环境，应

---

[1]　降边嘉措：《浅谈〈格萨尔〉与三江源的生态环境保护》，《安多研究》2005 年第 1 辑，第 296—310 页。

是人类发自内心的呼声；精心呵护好人类的家园，应是人类意识中自觉产生的。正如《马克思恩格斯全集》所说："人从自然界中脱离出来以后，依然具有自然属性，其活动不可能不受到自然界的制约和限制。人直接的是自然存在物……作为自然的、肉体的、感性的、对象性的存在物，和动植物一样，是受动的、受制约的和受限制的存在物。"①

（三）实践是人与自然和谐的历史起点

千百年来，人类为了求得生存，进行了一系列的社会实践，使得人类认识自然的能力不断提高，从而越来越了解自然的本性。通过社会实践，人类总结了一系列的自然规律，努力实现人与自然、人与环境的相互和谐。中华民族所追求的就是一条人与自然、人与环境协调发展的道路。正是通过对这条道路的正确选择和正确追求，才使得中华民族虽历经曲折，但仍能繁衍不息。在与自然环境相依相存的发展过程中，藏族同胞为了实现人与自然的和谐统一，积极地利用、改造自然，努力实现保护自己家园的目的。这些都真实地反映了藏族先民社会实践的发展水平，也反映了藏族先民对客观世界的认识水平。这对指导藏族同胞的社会实践活动，制止藏族同胞的不良行为，维护自然生态平衡发挥了积极的作用。21 世纪将是生态科学的世纪，也是生态文化的世纪。在我国悠久的民族文化传统中，蕴藏着大量的生态伦理思想，这是一笔宝贵的历史遗产，有赖我们去整理，使之发扬光大。

---

① 《马克思恩格斯全集》（第四十二卷），人民出版社 1995 年版，第 17—18 页。

第九章　宗教推动生态伦理
观念的理论化

　　藏族同胞有着悠久的历史和灿烂的文化，其中的生态伦理道德观是藏族文化的重要组成部分。藏族同胞普遍信仰藏传佛教，认为人间就是佛国，人心就是佛性。在精神境界上，藏族同胞认为，此岸和彼岸，关系到出世间、入世间的宗教信仰体系问题。出世间是指来世和涅槃的境界，入世间是指这种精神境界的实现又不离人世。这种精神境界要求人们追求"出世""解脱"的终极状态，倡导终极的价值世界，修菩提心，行菩萨事，获得正果，进入涅槃境界，企求"香巴拉"，用尽心的劳动获得的财富，过上幸福美好的生活。这种精神境界提倡发挥个人的内在潜能，追求个人价值的全面实现。由此也追求众生平等、人与自然和谐的生态伦理观念。这种精神境界，随着藏族文化的不断发展也进一步走向了成熟并趋于理论化和系统化。

一　藏族传统文化与地理环境

　　藏族先民，面对神秘莫测的大自然，不得不把畏惧的目光投到自然力和自然物上，希望以此抚慰惊恐心理，乞求自然神祇护佑。于是，藏族先民更多的是对生存的担心，对命运和死亡的焦虑。藏族先民将自然力人格化，于是就产生了最初的自然崇拜、神灵崇拜。日月星辰、风雨雷电、山川河流、古树怪石，几乎每一种与人关系密切的自然物和自然现象都有神、精灵寄存，藏族先民对其十分崇拜。

　　人类的原始文明，在两河流域——即幼发拉底河和底格里斯河流域，以及尼罗河流域、印度河流域及黄河流域率先诞生，因此古巴比伦、埃及、印度和中国被称为四大文明古国。两河流域、印度河流域和黄河流域这三大文明都是在亚洲版图中诞生和不断发展的，而藏族同胞世世代代赖以生活的青藏高原正处在这三大文明区域的交汇中心，这为藏族文化吸收外来文化提供了得天独厚的自然地理条件。"世界屋脊"，地高气寒，群山峻岭环绕，亚洲的诸多江河——例如长江、黄河、印度河、湄公河、恒河、萨尔温江等都发源于此地，人们称之为"四大水源"（chu-gter-rnam-bzhivi-rgyun）①，它们流向东西方的各个文明古国，形成了一条条自然交通走廊。同时，"汉藏走廊""吐蕃丝绸之路""茶马古道"也都从青藏高原穿过，成为与其他地区和兄弟民族物质往来和文化交流的通途。亚洲地区的三大文明从各个不同方向不断地向青藏高原输入。藏族先民对这三大文明以积极的姿态汲取，主动寻求这些文明成果，青藏高原也因此成为三大文明的荟萃之所。②

　　从很早时起，我国就形成了多民族共存的格局。在中国独特的地理单元基础上，逐步形成了各民族的分布区域与不同的地理区域、道德文化区域相重叠的现象。中国历史的发展过程，就是中国境内的各族人民共同开发祖国的过程。③ 藏族文化是中华民族传统文化的重要组成部分，而藏族文化在很大程度上又深受藏传佛教的熏陶和影响。藏族同胞在历史上就十分热爱自然，心中装满了对神圣的雪山和佛的敬意。世间实在没有哪一个民族像他们这样——当生活在喧嚣尘世的人们在努力追寻自然，对自然倾诉敬慕之情时，藏族同胞与自然和谐

----

① "四大水源"指雅鲁藏布江、恒河、印度河以及悉达河。
② 余仕麟、刘俊哲等：《儒家伦理思想与藏族传统社会》，民族出版社2007年版，第35—36页。
③ 贺金瑞、熊坤新、苏日娜：《民族伦理学通论》，中央民族大学出版社2007年版，第12页。

共生的这种生活境界，显得如此让人倾心和敬慕。① 藏族同胞的社会历史形态与传统的生态伦理、地理环境有着密不可分的关系。藏族文化经历了不同的历史阶段，每个历史阶段都呈现出不同的特点，其中生态伦理观念发挥了重要的作用。正如有学者指出的：……青藏高原独特的自然地理环境为藏族同胞创造神山、圣湖等民间信仰对象提供了得天独厚的客观条件，而民间信仰又是建构藏族民间文化的重要组成部分。因而，藏族民间文化有着源远流长的地域文化传承和广阔深厚的群众文化基础，而且同地理环境之间有着密不可分的亲缘关系。随着藏传佛教的蓬勃发展，宗教文化在某种程度上又主导着藏族地区的民间文化。也就是说，由于天时、地利、人和之缘故，藏族同胞的传统文化始终没有脱离宗教文化的浓厚氛围，宗教文化一直是藏族传统文化的核心，也是支撑藏族深层社会生活的精神文化。其中宗教节日与民间文化结合，更是强化了宗教文化的社会功能。②

二　苯教的生态伦理观念

苯教的起源和发展，经历了一个漫长的历史过程，而且与地理环境有着密切的关系。依据有关藏文史料，藏族先民对神灵的崇拜，可以追溯到原始社会末期，但其具体情形邈远难考。藏族同胞的神灵观念应该说是随着藏族古代社会的进步而逐渐成熟的。③ 苯教产生于象雄（今天的阿里）地区的南部，后来苯教势力沿着雅鲁藏布江向东西扩展，广泛传播到了其他藏区。苯教主张崇拜天地、山川、河流等自然物，随着氏族社会的发展，对守护神和祖先的崇拜逐渐成为信仰内容，并崇尚念咒、驱鬼、占卜、禳灾等仪式。苯教认为天是"三界"（天上、人间、地下）之上界，是神灵之居所，是光明之神。据

① 史义：《仙境风情》（中国香格里拉丛书），云南人民出版社1999年版，第148页。
② 尕藏加：《文化时空与信仰人生》，西藏人民出版社2014年版，第168页。
③ 刘俊哲等：《藏族道德》，民族出版社2003年版，第26页。

藏文文献记载，直到吐蕃王朝建立后，在举行会盟大典时，还有"令巫者告于天地山川、日月星辰之神"的仪式。人们在祭祀时，常常点燃松柏枝叶，升起阵阵烟雾。烟雾是连接天地的桥梁，人们可获得福运。人们在山顶垒石为坛，巫师站在其上呼喊天神，宰牲献祭，人们争先祈祷，借机表达自己的愿望。吐蕃的赞普宣称祖先是"天神赤顿之子"，赞普降临世界是做"吐蕃六牦牛主的主宰"，这反映了"王权天授"的观念。从宫廷到贫民向鬼献祭、以求平安是日常生活的重要组成部分。随着父权制的产生，祖先崇拜随之出现，苯教强调世袭传承，崇拜祖先业绩。当赞普对国事做出重大决策时，要先请巫师到该湖观看"圣影"，占卜吉凶。据说圣山、圣湖有三十七处之多。

在历史上，从吐蕃第一代藏王聂赤赞普起，苯教在藏族同胞的意识形态中就占据了重要地位，统治阶级也把苯教的教义作为巩固其统治的工具。藏族先民也普遍认为，苯教既能"息灾护病，护国奠基"，又能"指善恶路，决是非疑"，还能为"生者除障，死者交葬，幻者驱鬼，上观无相，下降地魔"。从而苯教教徒也享有特殊的政治待遇，有苯教教徒在赞普身边占卜吉凶，在宫廷参与政治。借助复杂的神祭和宗教仪式禳灾去病，祈福求佑，使广大藏族同胞获得精神慰藉。

苯教教徒宣扬善行：有"不杀生"、不偷盗、不淫乱三业；有不说谎、不咒骂、不吹牛四业；有不怀害人之心、不生谋取他人财物之心、不对传教之人生怀疑之心三业。苯教教徒严加遵守清规戒律，比如"不杀生"、不偷盗、不说谎、不结婚、不吃酒肉、不吃葱蒜、不吃晚饭、不拿别人东西、不穿皮质衣服、不使刀枪，等等。

吐蕃时期，随着社会历史的变迁，苯教已经成为当时社会发展的桎梏。苯教的祭祀仪式需要以血肉献祭，届时要宰杀大量牲畜作为牺牲，因此生态平衡遭到很大的破坏。自 6 世纪开始，随着藏族社会的变革，贵族集团利用苯教兴风作浪，恣意妄为，与赞普分庭抗礼，严重阻碍着中央集权的实现。地方割据势力连年混战，政治压迫和经济剥削加倍，自然灾害肆虐，使广大藏族同胞苦不堪言，其生存受到严重威胁。苯教再也不能作为藏族同胞普遍信仰的宗教意识形态了。虽然苯教在藏区流传不是很广，但"苯教和民间流传的神话故事中蕴涵了许多富有价值的思想，它告诉人们宇宙是由物质构成的，而且是发展变化的，多种环境要素组成了一个完整的环境系统，它们相互联系，互为作用。宇宙世界是多元的，生存于其中的万物都有灵性，万物为神，人生活在万物之中，被多元神所主宰——因此必须顺从神，顺从自然，保护神的栖息处和自然界中的每一处，达到与自然和谐相处"。① 可以说，早期苯教对天地万物的认识，为藏传佛教的生态伦理道德的形成和发展奠定了理论基础。随着佛教传入藏区，苯教受到强大冲击，最终被佛教取而代之，苯教势力被迫退避到偏远地区。

三　藏传佛教的生态伦理观念

7 世纪中叶，佛教传入吐蕃。最初佛教势力很小，松赞干布开始兴建佛寺，翻译经典。在历代赞普的支持下，佛教抑苯扬佛，借机打击苯教，强迫苯教教徒改信佛教，苯教逐步退出历史舞台，佛教逐步根植于雪域高原，成为藏族同胞世代信仰的宗教文化。佛教不仅是藏族社会的客观需要，也以宽广博大的胸怀以及包容的姿态占据了藏族同胞的意识形态。那些佛教的高僧大德们，走出青藏高原这片沃土，历经千辛万苦到达周边地区，甚至到尼泊尔、印度等地学习优秀的文化，带回大量佛教典籍。他们精心研读，勤于思考，提出了自己独到的见解，创立了藏传佛教理论体系。各宗派采取兼容并包、采众家之长的科学态度，将各家各派有价值的理论熔为一炉，最终形成了独具一格的藏传佛教。这时的藏区，已经出现了农业、畜牧业、商业贸易、手工业。在藏区也有农区、牧区和半农半牧区之分。在江河及其支流的河谷地带，藏族同胞从事农业生产。在吐蕃向外发展中，先后灭掉羊同、苏毗、吐谷浑，统一高原诸羌，特别是从西域手中夺得西

---

① 索南才让：《神圣与世俗——宗教文化与藏族社会》，西藏人民出版社 2014 年版，第 46—47 页。

域四镇，把战线引到河西、陇右、河湟，其疆域和人口成倍地增长，经济状况也大为改观。吐蕃统治者在不同的地区采取了不同的经济政策，并注重管理。① 吐蕃社会的商业发展很快，民间交易相当普遍，有"交易不宜"和"交易得力"的评论方法。吐蕃官方对内、对外的贸易相当活跃，据记载，当时有"自索波、尼婆罗取制食品、珍宝之宝库"②。随着商业活动的频繁，形成了一些重要的商业集散地，如甘州、瓜州、沙州和陇州、赤岭，等等，而逻娑是其本土最重要的贸易中心。墀松德赞时期，大、小昭寺中间就是绸布市。由于茶叶市是吐蕃人必不可少的饮料，吐蕃还设有专人负责经营汉藏茶业贸易，称为"汉地五茶商"。③

9世纪到13世纪初叶，是藏族社会制度向封建制过渡的时期。到了13世纪，元朝统一了中国。西藏建立了藏传佛教萨迦教派的地方封建政权，藏族地区长期的割据状态结束了。在元朝的直接统辖下，西藏的封建农奴制社会继续发展。

千余年来，在青藏高原，佛教经过与本土文化相互排斥、相互适应，最终生根、开花、结果，形成了本土文化和外来佛教文化相互交融的局面，藏族同胞形成了哲学、文学、教育、法律、制度、天文、医学、美术、建筑、音乐、语言等文化系统。人们所熟知的大小五明（rig-gnas-che-chung-lnga-bo）虽然来自印度佛教，但藏族同胞在运用时融入了本土文化的成分，从而进一步丰富、完善了文化的内容，使今天的藏族传统文化博大精深、蔚为壮观。佛教的思想观念也逐步融入藏族同胞的理想信念、思维模式、价值观念、道德规范等社会观念中，成为藏族同胞的精神支柱。佛教思想也融入了藏族同胞为人处事、待人接物、生老病死、家庭婚姻、衣食住行的习俗中。"藏族道德为宗教教义信条体系提供了部分社会内容，藏族宗教则为道德准则

① 刘俊哲等：《藏族道德》，民族出版社2003年版，第20页。
② 参见巴俄·祖拉陈瓦《智者喜宴》（藏文版），民族出版社1986年版。
③ 刘俊哲等：《藏族道德》，民族出版社2003年版，第21页。

涂抹上一层神圣的色彩。一方面，藏族宗教把藏族道德抬高为宗教的教义、信条、诫命和律法，把恪守宗教关于道德的诫命作为取得神宠和进入来世天堂的标准；另一方面，藏族宗教的教义和信条又被神以道德诫命的形式强加于整个社会体系，被说成是一切人行为的当与不当、德与不德、善与不善的普遍准则。这样，就逐渐形成了藏族道德宗教化和藏族宗教道德化的现象。"①

（一）众生平等

自然万物生命体系的创立，是藏族同胞的生态伦理观念的魅力所在，也是藏族同胞的道德伦理的价值所在。这个体系被活灵活现地展现在生死轮回（srid-pavi-vkhor-lo，六道轮回）的观念中。佛教认为：上士道修善业，这样死后不堕入畜生、饿鬼、地狱三恶趣，获得人天之身；中士道修戒、定、慧三学，从轮回中解脱；上士道发成佛之心，修菩提之行，成就佛果，上士道是终极目标。藏传佛教认为：一切众生皆平等，应视众生为父母；应心中只有众生，唯独没有自己；在世时一切为众生，死时也要施舍肉体给饥饿鹰群。佛陀就曾有"舍身施虎""割肉喂鹰"的慈悲利众行为。佛教理论强调，现实人生是苦海，这是前世作恶所致，要摆脱人生苦难，不是通过现实的积极抗争去实现，而是要在现实社会生活中默默地承受苦难忍辱无争，尽做善事，不造恶业，以待来世果报，享受人天之乐，不至于堕入恶趣之中。信佛者的最佳选择是精修佛法，进入佛性涅槃境界，彻底脱离轮回之苦。这就是重出世、轻入世的思想。它将人置于极为重要的地位，十分关怀众生的生命。正如宗喀巴大师所言："一切教乘并行不悖，一切佛言均属教诲。"

随着吐蕃社会的进一步发展，藏族同胞的伦理道德观念也有了新的内容和新的发展。吐蕃王朝实行的宽容、务实、发展的基本国策，为佛教在雪域高原的传播创造了良好的沃壤。与此同时，藏传佛教为

---

① 刘俊哲等：《藏族道德》，民族出版社2003年版，第31—32页。

渴望和平、走向统一、向往过上安宁生活的人们敞开了世界的大门。生活在不同阶层的人们，都发现了抚慰他们心灵的诱人图画。藏传佛教还提出了众生平等、善待众生生命、利众为善的教义，暗含了公正、平等的传统价值观念，正好适应了吐蕃时期的生产力的发展。藏传佛教把宇宙中的生命分为六道（vgro-ba-rigs-drug）：地狱、饿鬼、畜生、人、阿修罗、天（天即天人）。人、阿修罗、天属于三善道（bde-vgro），地狱、饿鬼、畜生属于三恶道（ngan-vgro）。藏传佛教的生命平等观，还在生命的形成学说中体现出来，即"四生说"。六道众生有四种产生的方式：胎生、卵生、湿生、化生。胎生，即从母胎中生，如人和各种牲畜便是如此；卵生，是从卵壳而生，如各种鸟类飞禽；湿生，是指因湿气而生，如各种虫类；化生，即借助某种力量而出现的众生。不管何种形式形成的众生，都是平等的。不仅如此，藏传佛教的生命平等观又从佛性的角度加以设定，这就是各类众生均有佛性——即成佛的可能性或种子。藏传佛教认为人人都要树立善心——即无任何邪见、无任何贪心、无任何嗔恨心的至善之心。这就是自性清净的本觉真心，其实质就是大慈大悲的利众之心。善心必然体现在行善上面。所谓"行"就是业。业有"业道"，包括善业道和恶业道两类。善行一方面是行善业道。善业道就是指十善业道，即永离杀生、永离偷盗、永离邪行、永离妄语、永离两舌、永离恶口、永离绮语、永离贪婪、永离嗔恚、永离邪见。善行就是舍己为人，普度众生，放弃个人的利益，不求任何回报，甚至要有佛陀那种"舍身饲虎"的伟大献身精神。要舍去自我的利益，彻底抛弃亲疏爱憎之别，把无我之慈悲遍施于无量众生，使其脱离苦海，获得真实的幸福和快乐。

藏传佛教认为，对一切众生要发慈悲之心，要关爱和保护动物，并且从宗教神性的角度制定了一系列的保障措施，比如规定僧人要吃素，要遵守"不杀生"的戒律，要宣传杀生会坠入恶道，要建立因果报应论等。这就为人们构筑起了一道道心理防线，为保护动物提供了最佳方案，堵塞了滥杀动物的门路，保证了爱护动物的生态道德观念的真正实现和彻底贯彻。①

　　藏传佛教认为，人是由色蕴、受蕴、想蕴、行蕴、识蕴五蕴（phung-po-lnga）构成。色蕴相当于肉体，指眼、耳、鼻、舌、身五根（dbang-po-lnga）；受蕴是由五根接触外界事物而产生的痛痒、苦乐、忧喜、好恶等主观感受；想蕴是指相当于感觉、知觉、表象、概念或思想等；行蕴是相当于策划、意向、动机、判断等的思维活动；识蕴是指知觉活动。

　　在五蕴中，色蕴属于物质性的东西，受蕴、想蕴、行蕴、识蕴是精神性的东西。五蕴处于变动不安的状态中，所谓人的转生，实质上就是转生五蕴。藏传佛教又用十二因缘（rten-vbrel-yan-lag-bcu-gnyis）说明人的生命起源和不断变化的过程。十二个因缘包括无明、行、识、名色、六入、触、受、爱、取、有、生、老死。所谓无明是指过去的烦恼。所谓行则如宗喀巴大师所说，"就是造业。有引生恶趣的非福业及引生善趣的业。引生善趣的业，又分为引生欲界的福德业及引生色界、无色界善趣的不动业"。所谓识是指托胎时的心识。所谓名色是指人的物质和精神两方面的要素，其中，"名是指受、想、行、识非色蕴的四蕴；色是指色蕴"。所谓六入是指眼、耳、鼻、舌、身、意六根（dbang-povi-sgo-drug）和眼识、耳识、鼻识、舌识、身识、意识六识。所谓触是指触觉。所谓受是指感受，包括乐、苦、不苦不乐三种感受。所谓爱是指对于所爱或所喜欢的东西产生的渴望和贪欲。所谓取是指对色声等五欲境追求执取。所谓有又称"有支"，是指决定来世所得"果报"的思想行为的总和。所谓生是指来世之生，具体地说，"所谓生，就是指四生（skye-gnas-bzhi，胎生、化生、卵生、湿生）之中，最初神识结生（入胎）的情况"。所谓老死是指将要衰老而至死亡。人的生命在没有获得彻底解脱以前，都是依此而轮回。因此要想脱离生死轮回，必须彻底根除无明。《心地观经》说："有情轮回生六道，犹如车轮无终始。"众生在六道中死了又生，生了又

---

　　①　余仕麟等：《儒家伦理思想与藏族传统社会》，民族出版社 2007 年版，第 73 页。

死，没有停止，如同车轮转动不已，故称为"六道轮回"。众生死后究竟归于何道，就要看众生今世的行为和支配行为的意志如何。只有皈依佛、法、僧三宝，弃恶从善，精心修持，才能跳出六道轮回，求得超越生死轮回的解脱。藏传佛教知识内涵丰富，体系庞大，派别众多，传播广泛，其中蕴涵着丰富的伦理道德，有着极强的启迪和教化功能。

藏传佛教倾注着对生命的关怀，对人生的道德修养极为重视，在一定意义上讲，有着宗教道德化倾向。在藏传佛教文化中，贯穿着一种利乐一切众生的理念。藏族同胞的宗教信仰目的首先是利他，而不是自利，更不局限于民族而着眼于全人类；藏族僧尼的宗教追求不是个人的短暂的解脱或福祉，而是整个人类的永恒的幸福和安乐。所以，藏传佛教在整个藏族同胞的社会生活尤其是精神文化生活中占有极其重要的地位，更发挥着举足轻重的作用。对于广大的藏族信教群众来说，藏传佛教在不断地塑造着他们的精神面貌、文化观念和生活态度。①

（二）十善业道

宗喀巴大师指出："十善业道是三乘共修的根本，也是三乘诸道的基地。"三乘是声闻、缘觉和菩萨的合称。依十善业道能获得成就，故它又名善法。十善是佛陀释迦牟尼创立的，藏传佛教对此十分接受（dge-ba-bcu）。宗喀巴大师说："应该起誓而依止十善业道，因为十善业道是成就一切三乘及利益凡夫二事必不可少的重要因素之一。"佛教中的十善业道，是对佛教徒制定的生活准则。具体指永离杀生、不偷盗、不邪行、不妄语、不两舌、不恶口、不绮语、不贪欲、不嗔恚、不邪见。永离杀生就是放生。不偷盗，就是要行施惠，乐于帮助别人。不邪行（或不邪淫），对在家居士来讲，就是不对自己妻子以外的女性产生贪染邪念，对于出家修行者而言，就是要完全断除淫

---

①　尕藏加：《文化时空与信仰人生》，西藏人民出版社 2014 年版，第 4 页。

欲。不妄语，就是要说真话或老实话。不两舌，是指不挑拨是非和制造事端，注意人与人之间的团结。不绮语，就是指不要花言巧语，说话要真实。不恶口，就是不说难听和伤人之话，说柔软之语或说话文明。不贪欲，就是远离欲求，不贪财，不贪色，不贪名，不贪吃，不贪睡等。不嗔恚，就是要有慈悲心、哀愍心、欢喜心和润心，视一切众生如父母如眷属。不邪见，是指破除愚痴，远离一切错误见解，皈依正见，信奉佛法。藏传佛教认为，人生就是苦的海洋。努力获得幸福快乐，是众生所追求的价值目标。"恶积则受苦，善积则受乐"，这是普遍的法则。善事要尽力去做，不因善小而不为。如果世人心性向善，行善事，就能获得种种快乐——如"不杀生"，就没有心中痛苦的折磨，有一种安乐之感；不妄语就能得胜意乐；不恶口就能获言尽受乐；不嗔恚就能无损恼心，无净讼心；不邪见就会远离吉凶疑虑，得到安乐。若一个人在现世大发菩提之心，利益众生，来世就能进入涅槃佛性之境，享受究竟幸福大乐。

藏传佛教认为，一切众生依自身的业力在六道中生死轮回，在饿鬼、畜生、地狱中受尽无穷苦难，在人、阿修罗、天中享有一定程度的快乐。众生崇信佛教，积累善业，增长善根，就是为了获得解脱，脱离轮回之苦。钝根下士通过行善而脱离三恶趣的重苦，获得人天之身。利根中士通过修持行善，从烦恼障中解脱，获得阿罗汉果，获清净涅槃之乐，但还不是彻底解脱，只是自身解脱。特利根器上士以大慈大悲之心拯救众生，帮助众生脱离苦海，大彻大悟，自利利他，德行圆满，可获得无上佛的功德报身，彻底脱离轮回之苦。①

（三）普度众生

宗喀巴大师指出："大乘行者的标志，就是唯发菩提心而言的。"何谓菩提心，就是指舍弃自己的一切，大慈大悲，普度众生。"当一切众生失去取舍善恶、分辨是非的慧眼；当这些众生蹒跚趋向险阻之

①　刘俊哲等：《藏族道德》，民族出版社2003年版，第54—60页。

地，已失去能力走向平坦大道的时候，一切菩萨不得不发悲心来精进、摄护救度有情。"在藏传佛教看来，普度众生是最高的道德价值。藏族高僧萨迦班智达的《萨迦格言》，要求世人辨善恶，发慈悲，积善积德。他把藏传佛教善德具体化和世俗化，指出积善积德是"安乐之本"，不仅平民百姓要行善，而且君主对自己的臣民也要"施以仁慈和护佑"。他提倡先人后己，强调"想要为自己谋福利，先要为他人谋福利"；想要有名声，也要先利他人——如"想要使自己享受盛名，就要先得做对他人有益的事情"；要对缺吃少穿者予以施舍，把布施当作"应当如此"的道德律令，这是"佛法之上法"。他以辩证的观点看待布施行为，认为布施似乎是把财富给了别人，实际上是增加了自己的财富。《萨迦格言》讲："积福德的人布施的再多，财富仍像春雨连绵不断。"因此"要想积攒更多的财富，施舍是最可靠的保证"。只有不愿布施者，才是世界上的贫穷者。布施能使敌人归顺，且留得乐于好施的美名。他把有善心、做善事者称为贤者，并且褒励贤者，抨击丧尽天良、做尽坏事的坏人。据文献记载："松赞干布在位时，以臣民们于君前忿叫竞争、无礼无仪，乃创十善法律，使善者有所劝，恶者知佛戒"，从而把藏传佛教道德化、法律化。

藏传佛教要求信徒努力修行善业，自觉遵守戒律，坚信佛法，虔诚供佛，尊敬自己的上师。要求人们在日常交往中，诚实守信，以礼待人，忍辱无争，文明用语，知恩必报。要求在家庭生活中，子女要孝敬父母，父母要善待子女。要求在经济生活中，视财为轻，施舍于人。在医疗方面，藏医医生不能贪欲钱财，应以慈悲为怀，对病人一视同仁，富有同情心，不能视病人的排泄物为污秽。藏族《四部医典》就明确要求医生要持戒，把众生均视为父母，以德报怨，对病人给予周到的照顾，直到痊愈。在青藏高原，藏族同胞的丧葬习俗也受到佛教普度众生道德观念的影响，认为人亡后灵魂要想升入天堂，生前就要行善好施，死后也要将自己的肉体施舍给"神鹰"，被"神鹰"吃光预示着今生功德圆满，无"神鹰"光临预示着生前罪恶在身，要请喇嘛念经超度。

（四）三世业报

藏传佛教认为："善有善报，恶有恶报。"但若想业力生出果报还需要条件；今世和来世的成熟阶段不同，有的甚至多代后世才能诸缘齐具。藏传佛教将现报、生报和后报合称为三世业报。凡世间人们的行为都会产生一定的果报。《法句经》说："行恶得恶，如种苦种，恶自受罪，善自受福。"与此同时，藏传佛教认为，凡世人都会死亡，死后又会投生转世，一个人死后究竟会投生于何道，这是由其业力所决定的。若造做的善业力大，就会投生到天、阿修罗、人三善道之中，就会享受到快乐；若造做的恶业力大，就会投生于畜生、饿鬼、地狱三恶道。宗喀巴大师指出：众生不能因此而生傲慢，因为"我们毕竟处在轮回中，未能脱离轮回，就根本谈不上有安乐，我们心目中的这种暂时的安乐，本来是一种痛苦的本性"。宗喀巴大师道："每一种造的恶业，因为依业的对象有所不同，按三毒的强弱性质，各自分为上、中、下三品。上品杀生等十恶业，各自遭受地狱的果报；中品十恶业，各自遭受饿鬼的果报；下品十恶业，各自投身到畜生道中感受果报。"贪心而多贪欲，嗔心而生嗔恨，邪见而成愚痴。藏传佛教所讲的因果报应关系，旨在使人们懂得做善事必得福报，做恶事必遭恶报，并由此产生种种担心，以对世人有警示作用，尤其是对犯罪者有震慑作用。与此同时，它还能教化世人勤修善业，防止造恶，从而对于净化社会风气和树立高尚的社会风尚有着一定的价值。藏传佛教认为，一个人作了恶，也不因他是好人而不得罪报；一个人作了善，也不因他是坏人而不得福报。正如宗喀巴大师所说："已经是所造之业，绝对不会损坏。就是已经做出的善恶之业，必定会产生悦意及不悦意的乐苦之果来。"若一个人造了恶业之后，悔过自新，弃恶行善，往后就会受到福报。宗喀巴大师认为，不造业就不受果报。有学者指出，禁忌是神圣观念的伴生物，它是非强制性的，具有显著的功能，法规是强制性的，通过这两种形式可以约束和限制人们认识自然和改造自然的活动，可以规范人们的生态伦理观念和生态伦理行为，这既保护了物种和生态平衡，同时也强化了人们的宗教意识而成为生态伦理的准则。①

（五）生态伦理观念的践行

佛教缘起论和因缘论是其教义的精髓和核心。佛教认为，缘起包括内缘起和外缘起，内缘起指有情生命的缘起，外缘起指宇宙万物的缘起。佛教生态观的核心是缘起论，而缘起论的核心是因果论。藏传佛教修行的终极目标是超脱生死轮回而达到涅槃世界。为了能涅槃成佛，就要遵守一定的规范和善行标准，这就形成了诸多戒律。佛教的《四分律》，针对僧戒有二百五十条，针对尼戒有三百六十四条。还有主要为居家佛教徒（男信徒和女信徒）制定的五戒，为沙弥和沙弥尼制定的十戒。

从藏传佛教的社会功能上来看，它给人们指出了一条"来世"和"佛国"的终极目标。藏传佛教要求信徒们抛弃物欲享乐以及所有急功近利的思想，要提升人生境界，消解精神烦恼，超越生死执着，解决生命价值等终极问题，以达到人格的完善和生命价值的实现，从而营造身心和谐、人际和谐、天人和谐的价值观。

藏传佛教同苯教的灵魂不灭、灵魂转移的观念相结合，赋予了自然界一种神秘的灵性，加深了藏族同胞对自然界的敬畏，强化了对它们的爱惜、保护意识。② 7世纪，佛教初传吐蕃，松赞干布令臣根据"十善业道"制定法律和伦理道德条例，其中"七大法"中的第一条即是"不杀生"。8世纪早期，印度佛教僧人寂护来吐蕃传法，完整地将佛教的戒律介绍进来，笃信佛教的赤松德赞王废除了对犯罪男人挖眼，对犯罪女人割鼻的酷刑，制定了戒杀的法律条文。苯教用于盟誓祭祀中的杀生习惯也被取消，取而代之的是用面制作的替代品。藏传佛教形成后，

---

① 刘俊哲等：《藏族道德》，民族出版社2003年版，第75—84页。
② 索南才让：《神圣与世俗——宗教文化与藏族社会》，西藏人民出版社2014年版，第49页。

业报轮回思想得到了淋漓尽致的发挥，尤其像阿底峡、宗喀巴等高僧特别强调戒杀的重要性，提出了作为一个佛教僧人应该具备菩提心、慈悲心和怜悯之心，把戒律看成是佛法的根本。宗喀巴说，"一切功德的根本，皆为自所受许的清净戒律"。其中包括"不杀生"的戒律。在藏区，"不杀生"的戒律不仅约束着佛教徒，也约束着广大的信徒乃至整个民族。藏族同胞提倡在特定的节日中"放生"，其包括三种形式，一是将自己饲养的家禽家畜放生；二是将不属于自己的，即将被别人或动物所杀害的生命放生；三是以佛教的慈悲心劝阻他人舍弃杀生而放生。①时至今日，在藏区仍然随处可见放生的牛羊等动物。

　　部分牧区的藏族同胞，常常求神算卦，以此决定出栏和留养的神畜。一旦卦示为神畜，就逐个将它们打上记号放生。这些牛羊被放生之后，通常被喂养到自然老死。大量的牲畜被放生后，出现了一批放生村。放生和谐了人与自然。正如英国历史学家汤因比所言："宇宙全体，还有其中的万物，都有尊严性，它是这种意义上的存在。就是说，自然界的无生物和无机物也都有尊严性。大地、空气、水、岩石、泉、河流、海，这一切都有尊严性。如果人侵犯了它的尊严性，就等于侵犯了我们本身的尊严性。"宇宙由相同的元素地、水、火、风构成，宇宙中的山、河、草、木就好像是人体的各个器官，对自然的侵犯，就是对人自身的破坏，保护自然万物的生命，也就等于保护大自然。藏传佛教的生态观，其核心是生命平等观。它把自然空间视作自然、人、神（佛）三位一体的统一。人应该像保护自己的生命一样保护环境。伤害飞禽走兽、砍伐花草树木就是犯罪；污染河流被视为恶行。在藏传佛教看来，关爱大自然，维护生态平衡对人类的生存和发展有着重要的价值。藏传佛教尽管带有浓厚的宗教色彩，但藏族同胞仍然努力按照藏传佛教的教义去指导自己的日常生活，其人生观、价值观中处处体现着慈悲、施舍、善有善报的思想。

_____

　　① 索南才让：《神圣与世俗——宗教文化与藏族社会》，西藏人民出版社 2014 年版，第 50 页。

四　生态伦理道德教育

佛教认为，人生即苦，从生命的开始到生命的终结，都难以脱离六道轮回。脱离轮回、离别苦难、寻求解脱就是藏族同胞所要追求的目标和伦理道德标准，随着佛教在藏区发展，其教义逐渐演变成为藏族同胞为人处世的道德行为标准。以"十善业道"为基础的吐蕃法律不仅从外力约束着人们的行为，而且藏传佛教的信仰准则更多地从内心监管着藏族同胞的思想意识。"诸恶莫做，众善奉行"，这种基于因果报应原理而确立的原则，不断地修剪着藏族同胞内心的贪、嗔、痴、慢、疑、恶六种根本烦恼以及由这些烦恼衍生出来的种种其他烦恼。"慈悲惜爱，利益众生"在佛教系列的戒律当中得到了突出体现，如六度——布施、持戒、忍辱、精进、禅定和智慧，都具有道德色彩，鼓励藏族同胞要勇猛无畏，奋发精进，救苦救难，施舍救人。

自佛教传入藏区后，它改变了藏族同胞的价值观念。慈悲与智慧超越了勇气，信仰和意志改变了勇敢含义。佛教有八万四千法门，归根结底只有二条：菩提心和见性智慧。这也就是以慈悲心为动力，救苦救难及普度众生的行为和价值观念。《菩萨行》中说："智慧是将帅，戒舍等其他法是兵勇、使从。"随着佛教在藏区的不断发展，慈悲、智慧、怜悯、仁爱与和平，成了藏族同胞努力追求的至高人格。佛教如同一种有效的融化剂，将武士手中的战刀点化成友谊的花环，将征战杀伐的精神转化成为"舍身饲虎"的慈悲心。它提倡的舍己为人、利益众生的精神，实际上也同样是人类史上的一种美德。

作为藏族同胞精神营养的诸多故事、谚语、格言，皆以佛教伦理观念教化藏族同胞，培养藏族同胞逐渐养成心平、气和、慈爱、善良、恭敬、善待一切生命的道德品质。尤其是佛教宣扬的善恶因果教义，不断修正着藏族同胞的思想意识及实践活动。正如敦煌古藏文文献所记载的：

君主即使渊博，

也要取法于人；

良马虽然善走，

也要策之以鞭。

英雄胆气壮，

不惧怕死亡，

贤者智慧高，

知识难不倒。

11世纪，是藏传佛教的后弘期。当各大教派出现后，出现了百花齐放、百家争鸣的局面，佛教理论体系逐渐完善。诸多名垂千古的高僧大德的言传身教，给藏族同胞输送了丰富的精神养料。元代，藏传佛教萨迦派盛行，其领袖人物萨迦班智达在《萨迦格言》中提出了以佛法、仁政、任贤、轻徭治理国家的"施政纲领"。把诚信、智慧、忠贞、谦和的品德寄予藏族同胞的自身修养之准则中，第一次高扬了知识的力量和理性的精神。他倡导人们要具备真诚、善良、宽容等高尚品德。"本性中原有的善良和诚恳，哪怕到了生命危机的关头，我们永远不会放弃，就像锻炼黄金一样被切割、被煅烧，但纯金的本色永不改变。"这大大激发了众多高僧大德的艺术情怀。从此，《水树格言》《木喻的格言》《国王修身格言》《甘丹格言》应运而生，它们将一种吐蕃时期源于生命、源于自然的藏族强悍与悲壮的精神气质，在一篇篇倾诉心灵智慧和哲理智慧的文章中，把饱满、热情的世俗情感引导向了达观、宽泛、旷远、安详和静谧的心态。心智渐渐脱离了愚莽，平和慢慢取代了争斗，和平托举起人性的关爱。

游牧文化是建立在以保持草原生态系统平衡为基础的生产方式之上的。在长期的生产劳动中，蒙古族也逐渐创造出了一整套生态伦理观念。他们认为火既能带来巨大的益处，也能带来深重的灾难。火既被看成是家庭幸福生活的保护神，又被当作传宗接代的源泉。蒙古族同胞把水看作神灵。为了不冒犯水神，理所当然要屈从、感激、膜拜。他们不允许外人在河里洗涤。忌挖堵泉眼，忌在泉水处便溺。忌在深山乱喊乱叫。忌在深山打猎、污染、喧哗。他们认为任何生命形式都同等重要，正如谚语所说："五畜里最高大的是骆驼，世界上最宝贵的是生命。"由于生活的需要，他们也要宰杀牲畜、猎取动物等，宰杀时他们会用眼泪及哀伤的歌曲来怀念动物。大自然是牧人衣食住行的源泉，应当得到人们的爱护。蒙古族同胞甚至赋予其神性来加以崇拜，由此就出现了敖包、圣山、湖泊等信仰习俗。

全面地保护生态环境，是社会持续发展的基础。因此，服从社会组织与社会道德规范，以此来协调人与社会、人与自然的关系，是生态观的重要内容。藏族同胞也一直实践着人与自然和谐相处、尊重自然、适应自然规律的原则。藏族同胞认为，自然的物产当归自然，社会的物产当归集体，个人无权占有支配自然的物产与社会的物产。自然界是万物所共同拥有的，应该由社会统一管理，只有社会的统一管理，才能有效地控制个人由于私欲而对自然资源进行抢占和破坏。

五　结语

苯教以"万物有灵""灵魂不灭"观念崇尚大自然的一切，这些观念与藏传佛教提倡的生死轮回、慈爱禁杀的观念有机地结合在一起，形成了藏族同胞生态伦理观基本内容。

藏传佛教认为，一切生命都具有平等的价值，各种动物也就同人一样有自己的生存权利，因此，不仅要关爱和保护动物，还要保护一草一木。藏族同胞极为重视生态环境，努力营造一个适宜众生生存的美丽优雅的生存环境。藏传佛教所追求的"净土"，就是一种达到理想境界的清净国土。

藏传佛教"善"的普世伦理观念，主张人人都要树立善心，其实质就是以无量的大慈大悲之心去普度一切众生。"一切众生平等"就是指平等地对待人和动物，甚至包括一草一木。藏传佛教制定了"不杀生"等戒规戒律，要求信众关爱和保护动物，这实质就是把人和自然视为一个统一的整体，以此实现人与自然的和谐相处。这与儒家的"天人合一"思想是殊途同归的，二者的价值取向是一致的。藏传佛教生态价值观的核心是生命平等观，并以此对待整个宇宙中的一切有生命之物。这实际上是一种泛自然的生命平等伦理观。

　　藏族生态伦理观念是藏族同胞多元文化吸收融合的结果，也是反复地打破历史文化格局，不断接收新信息，加以吸收和消化产生的。高原地域空间的跌宕起伏、社会结构的不断更新、多元文化的频繁交流，使生态文化也逐步趋于系统化和理论化。

第十章　青藏高原生态环境现状
调查之一

——以青海玛多为例

　　黄河源头的青海果洛，是藏族部落最为集中的地方。这里既有着悠久的史诗《格萨尔》说唱文化，又有着浓厚的藏传佛教信仰。藏族同胞为了实现精神追求和改善生存状态，一直在寻找理想的生活方式。藏族同胞认为，高耸的山峰是沟通天界的阶梯，圣洁的湖泊是抵达龙界的通道。在神灵的世界里，有人的踪影；在人的世界里，有神灵的存在。敬仰神灵，是藏族同胞感情的一种神圣寄托；祭祀山湖，则是藏族同胞感情的一种独特表达。在这种人与神的交流中，形成了人与自然和谐相处、人与环境协调发展的特殊关系。

　　自改革开放以来，玛多成了"全国首富县"；由于气候变化以及各方面的原因，这里逐步又变成了"生态难民县"。这种落差反映了青藏高原仍然潜藏着生态环境恶化的危机，这不得不引起国人的深思。在建设生态文明的今天，继承和发扬藏族同胞的生态伦理观念，改善和恢复生态环境，对于构建和谐社会，促进民族团结，维护祖国统一，加快西部大开发战略的实施，无疑具有重要的现实意义。

一　地理位置

　　玛多位于青海果洛州西北部，北纬33°50′—35°40′，东经96°

50′—99°20′。该地北靠积石山支脉布青山，与海西的都兰相接；东部与海南兴海和果洛玛沁毗邻；南与果洛达日和四川石渠接壤；西靠玉树的曲麻莱；西南以巴颜喀拉山为界，与玉树的称多相连。南北宽约二百零七公里，东西长约二百二十八公里，总面积二万五千多平方公里，占果洛总面积的20.8%。玛多地势自西北向东南倾斜，海拔约在四千五百米到五千米之间，地形起伏不大，相对平坦，山间有平地、沙漠和沼泽地。玛多位于巴颜喀拉褶皱带，地质构造为西北至东南走向，地貌轮廓明显受地质构造控制。玛多占优势的地貌类型是宽谷和河湖盆地，多为地质断陷作用所形成。

　　玛多是黄河源头地区，属高寒草原气候，一年无四季之分，只有冷暖之别，分别称为冬季和夏季。冬季漫长而严寒，干燥多大风；夏季短促而温凉，多雨。其温度、风力、降雨量情况是：年平均气温为零下四摄氏度，除5—9月份，各月平均气温在零下三摄氏度以下，最冷的1月份为零下十六摄氏度，1978年竟达零下二十六摄氏度，极端日最低温为零下四十八摄氏度，是青海极端日气温最低的地方；最热的7月份为七点五摄氏度，极端日最高温近二十三摄氏度，累年气温低于零摄氏度日数为九十多天，即使是最温凉的夏季最少也有十天以上；白天日射强，升温快，散热量大，气温日差较大，年平均气温日差达十四摄氏度，全年无绝对无霜期。大风日数多，从11月至次年4月最为频繁，约占年大风日数的70%—85%；在历史上，1966年最多，有一百一十天，最少的年份，仅出现十二天；大风的连续日数最长达八天到十天；最大风速为三十四米/秒。年均降水量为三百多毫米，但年际变化大，最多的年份为四百三十多毫米，最少的年份有八十四毫米。

　　玛多是黄河发源地，境内河流密集、湖泊众多，共有大小湖泊四千多个。境内主要河流有玛曲、热曲、江曲、勒那曲、多曲等，水能蕴藏量约四百二十四万千瓦。

　　2007年，玛多土地总面积为二百六十二公顷，其中草场面积为二百二十九公顷。玛多草场按照植物适口性、利用率、营养成分可以划分为优、良、中、低、劣五个等级的草场。

玛多现已探明的矿藏有煤、盐、沙金、硼矿等。花石峡与都兰交界处的杂抑合惹煤矿，以及正在开采的红土坡煤矿，蕴藏量都在百万吨以上。

玛多的野生动物资源极为丰富。主要有：野牛、野驴（俗称野马）、羚羊、黄羊、石羊、盘羊、白唇鹿、棕熊、狼、红狐、猞猁、雪豹、獾猪、野猫、旱獭等。玛多的鸟类也很多，这些鸟类大部分属候鸟，每年5月飞来，10月离去。生活在这里的留鸟主要有棕头鸥、斑头雁、玉带海鸥、赤麻鸭、黑颈鹤、金鸲、红脚鹬、鹭鹤等；种类不多，数量很大。在扎陵湖、鄂陵湖及两湖的连通河中有鱼类八种，其中有花斑裸鲤、极边扁咽齿鱼、骨唇黄河鱼、黄河裸裂尻鱼、厚唇重唇鱼。两湖中八种鱼类在黄河上流均有分布。[1]

二 行政区划

2010年，在玛多的行政区划下，辖有花石峡镇、玛查理镇、黄河乡、扎陵湖乡两乡两镇，下设二十六个牧委会，四个生态移民新村。具体见下表：

	乡镇	牧委会
1	花石峡镇	辖措柔、东泽、日谢、吉日迈、维日埂、扎地、斗纳、加果八个牧委会
2	玛查理镇	辖玛查理、江多、隆埂、刊木青、尕拉、赫拉、江措、玛拉驿八个牧委会
3	扎陵湖乡	辖河源新村一个，尕泽、多涌、擦泽、卓让、勒纳五个牧委会
4	黄河乡	辖果洛新村一个，江旁、热曲、阿映、白玛纳、塘格玛、斗江六个牧委会

---

[1] 《玛多县志》编纂委员会编：《玛多县志》，青海民族出版社2011年版。

2013 年，玛多人口出生率为千分之十六，人口死亡率不到千分之六，人口自然增长率超过千分之十。2013 年，总人口为一万四千多人（其中藏族人口有一万三千人，其中农牧业人口有一万一千多人）。据统计，2013 年，玛多共有各类学校五所，即小学四所、中学一所；在校学生一千六百多人，其中中学六百四十八人，小学一千多人。还有幼儿园一所，在园儿童有四十人。全县各类教职员工有二百一十六人，其中专任教师有一百零八人。学龄儿童入学率为百分之百，其中牧民子女入学率为百分之百。2013 年玛多县有文化事业单位五个，即图书馆一个，文化馆一个，电影发行放映管理站一个，广播电视转播台两个。广播覆盖率 95.65%，电视覆盖率 97.83%。全县共有卫生机构八个，即县以上医院一个，乡镇卫生院四个，疾病预防控制中心一个，卫生监督所一个，计划生育服务站一个；卫生技术人员为四十八人；全县有病床六十三张。2013 年，玛多有邮政局（所）两个，邮政业务总量为四十一万元，同比增长 24%；有电信局（所）两个，电信业务总量为五百四十多万元，同比增长 39.43%。

2013 年底，玛多县实现农牧业总产值六千一百多万元，同比增长 6.76%；实现农牧业增加值五千多万元，同比增长 6.77%。其中畜牧业总产值为五千八百多万元，同比增长 6.8%；畜牧业增加值为四千八百多万元，同比增长 6.8%。畜牧业增加值占 GDP 总产值的比重为 27.14%，同比下降 1.47%。2013 年，玛多有各类仔畜四万六千多头（只、匹），存栏牲畜有十二万八千多头（只、匹）。完成工业总产值五百二十多万元，同比增长 0.21%；完成增加值二百三十多万元，同比增长 3.27%；规模以下工业完成增加值五百二十万元，同比增长 10.21%。主要工业产品产量生产情况为，发电量为四百五十多万千瓦时，同比增长 44.69%；售电量为六十五万千瓦时。2013 年，玛多市场完成社会消费品零售总额四千多万元，同比增长 11.74%。从销售地区看，城镇实现社会消费品零售总额二千九百多万元，同比增长 12.51%；乡村实现社会消费品零售总额一千一百多万元，同比增长 9.71%。全县共有个体工商户二百三十三户，同比增长 14.78%。从业人员达四百三十一人，同比增长 18.08%。注册资金为一千八百多万元，同比增长 79.92%。私营企业为四户，从业人员为一百零六人，注册资金达三百多万元。2013 年，玛多完成地方公共财政预算收入一千多万元，同比增长 24.08%。公共财政支出六亿元，同比增长 17.85%；金融机构各项存款余额六亿元，同比增长 43.53%。全县交通极为便利，以 214 国道为主干线，公路通车里程一千七百多公里。

三 淳朴的民俗风情

玛多的地域文化，特色鲜明、民风淳朴，在日常交往中经常使用"哈达"。赠送"哈达"是向对方表示最高的敬意。玛多藏族同胞待人礼节隆重，常以额头或脸颊接触。此礼在老年人中较为普遍，老年人遇到自己久别的亲人、亲戚、朋友时往往行此礼以示亲爱之情。青年男女之间即使久别重逢也不行此礼。

玛多藏族的婚俗，多为一夫一妻制。通常男子当家，男人去世后由儿子继承，儿子年幼也是家长，其母不当家长，但一切事务均需母亲决定。在家庭劳动分工上，男主外事、女主家务。玛多盛行招赘，招女婿不受人歧视。男女婚后数年一般都要另立家门，独立生活。男女青年谈婚论嫁，有的自由恋爱，有的父母包办，但无论何种形式，都得经过媒妁之言才能成婚。通常由能说会道的人担任，其到女方家提亲，一般带茶叶一块和"哈达"一条作为订婚礼。若女方父母无推辞之意，收了订婚礼，表明双方都很满意未来的婚姻，然后再请阿卡或活佛择日举行婚礼。送亲当天，新娘由娘家人送到新郎家，新娘父母不送亲。送亲人和新娘都是盛装艳服，所乘马匹也尽力打扮。新娘必须从正东方进入男方帐房，男方帐房门要朝东，如果男方家住在女方家西边，新娘自然是从东而来，如果住在东方，新娘一行就得绕一个大圈做出从东面走来的样子。

玛多的丧葬习俗一般有四种：火葬、天葬、水葬、土葬。火葬，是对大活佛或较有名望的人士实行的一种葬仪；天葬是最普遍的丧葬形式，除孩童和情况特殊的人以外，成人不论男女都要进行天葬；水葬的形式比较简单，一般均为因自杀、暴病而被阿卡或活佛指定要进行水葬者，其他人绝对不水葬；土葬和水葬一样，都是很少实行的丧葬，只有少数恶疾者、刑杀者、孩童实行土葬。

果洛有许多座雪山，其中最为著名的要算阿尼玛沁雪山；果洛有千余个湖，最为出名的要数"扎陵、鄂陵和卓陵"三湖。人们赋予阿尼玛沁雪山以神奇的力量，给予"扎陵、鄂陵和卓陵"三湖以美好的精神寄托。在果洛藏族同胞的心目中，被称为"玛域"的黄河源头是世界上最美好的地方。黄河源头的阿尼玛沁雪山，群山巍峨，重峦叠嶂，雄伟壮观，白雪皑皑，直刺天穹，团团祥云升腾，是果洛藏族同胞的保护神。在阿尼玛沁雪山之下，是美丽的"扎陵、鄂陵和卓陵"三湖。三湖周围，草原广阔，碧草如茵，牛羊遍地，人们过着安宁的日子。在这里，还流传着丰富多彩的民间故事和传说，其中《曲沃色尔旦》①就家喻户晓，它描述了黄河源头的藏族同胞对美好生活的向往。按照民间习俗，每逢藏历新年和五月初四，是祭祀阿尼玛沁山神的日子。果洛的藏族同胞都要到阿尼玛沁雪山脚下的桑多举行祭祀活动。每逢节日，人们带着拴有玛尼经旗的箭杆、柏枝以及神食（炒面、炒青稞）等从四面八方赶来。当东升的太阳照射圣山时，由祭师念诵山神祭祀文，于是人们将煨桑之物如柏枝、"哈达"等放在祭师旁边，以便得到加持和净化。随着主祭人大喊一声"拉加罗"（呼唤词，"战无不胜"之意），只见桑台上冒起滚滚浓烟，大把大把的柏枝在熊熊烈火中爆出噼里啪啦的响声，人们呼声如雷，呼唤着圣山的名字，争先恐后地往桑台上添加各自带来的供品。有的人还从怀里掏出大把大把印有风马的方块纸，向着天空抛去。然后人们将"哈

---

① 雪域尊神沃德贡杰和他的八个儿子共称为最初九王。老三玛沁奔热（即阿尼玛沁雪山）被封为东方守护神，父王专门为他修建了一座九层水晶宫殿。玛沁奔热娶了天神贡曼拉日、年神多吉雅玛居恩莫、龙神措曼国玛为妃子（这位龙氏妃子从东海带来了十三颗珍宝和金制供壶）。

达"挂在长箭上，双手举起系有经幡的箭杆，绕转桑台一圈，再绕转箭垛三转，将箭杆插入垛内。有的骑马环台绕转，有的对天鸣枪，有的呐喊助威。这时，桑烟连接天地，风马弥漫天空，阵阵呼声响彻云霄。人们期盼着来年时来运转，人畜兴旺，更希望永远得到神灵的护佑。每年夏天，还有不少香客前来绕转阿尼玛沁雪山。圣山山陡路险，绕转主峰一圈约需一周，但仍有不少虔诚的信徒远道前来。尤其是到了藏历马年，各方香客更是络绎不绝。这一朝拜习俗，构成了藏族同胞绚丽多彩的精神世界。这里还有五十多座藏传佛教寺院，在僧侣的宗教活动中，祭拜阿尼玛沁山神是必不可少的内容。

黄河源头的玛多，境内有许多湖泊，被称为"千湖之县"。其中，"扎陵、鄂陵和卓陵"三湖较大。当人们前往"扎陵、鄂陵和卓陵"三湖时，首先看到的会是鄂陵湖。鄂陵湖，藏语称"错鄂郎"，意为"蓝色之湖"，因湖水清澈蔚蓝而得名，其形如匏瓜，一头宽一头窄。鄂陵湖距扎陵湖有十公里。扎陵湖，藏语称"错加郎"，意为"灰白色长湖"，因湖区风力强劲，白浪翻滚而得名，其呈不对称菱形。令人十分惋惜的是，卓陵湖现已干枯。相传圣山里居住着男神，圣湖里自然居住着女神。雪域高原最为著名的有"拉曼才让五女神"和"十二丹玛女神"①，合称为"长寿五姊妹丹玛女神群"。据说她们原本是苯教神灵，后被莲花生大师降服后立誓护法，成为藏传佛教的护法神。史诗《格萨尔》也描述，岭国有三大部落，分别是扎洛、鄂洛和卓洛。黄河源头的"扎陵、鄂陵和卓陵"三湖，既是岭国三部落的寄魂湖，又是格萨尔王的寄魂湖。生活在这块土地上的人民把"扎陵、鄂陵和卓陵"三湖看得极为神圣，将自己的感情深深地融进

---

① "十二丹玛女神"，是长寿五姊妹女神的从属神，她们的相貌大概是：四大魔女是长着丑脸的黑姑娘，四大夜叉女是满脸怒气的红姑娘，四大勉姆女是纯洁美丽的处女。她们的化身分别是：黑女神化身罗刹，红女神化身罗刹，白女神化身美女，绿女神化身轻幻飘动之躯体。其中的达尼钦姆住纳木错秋姆、戳钦廓都住羊卓措钦、色钦康顶住羌多玛措。居住在湖中的勉姆叫"湖勉"，如"七湖勉女神"和"湖勉五姊妹""九湖勉"。有关史料记载，湖勉可分为具光湖勉、厉鬼湖勉、使者湖勉、业力湖勉四大类。湖勉女王是湖勉杰姆戳佐和湖勉如秋杰姆。湖勉五姊妹统治着藏地的五座大湖。

对圣湖的挚爱之中。

史诗《格萨尔》描述有：

> 右边尼日山神很灵验，
> 左边阴山密林很神奇。
> 玛多地方两大神湖，
> 鄂陵在东、扎陵在西。
> 我家住在扎陵部落里，
> 父王顿巴坚赞很富裕。
> 我从天界降生人世后，
> 十全福庆汇集我一体。
> 六条神河源于诞生地，
> 象征六大福庆永不息。
> ……
> 十大吉庆汇集在一地，
> 人杰地灵谁人能与比。

据传，珠牡的娘家住在扎陵湖旁。今天，在黄河与扎陵湖交叉点的南端，有个小山包，遗留着一座古城废墟。传说这就是格萨尔的岳父噶嘉洛豪华的官邸。石墙若断若续，或高或低，昔日的风韵隐约可见。如今，崇阁丽舍早已杳无踪影，只剩下几段残垣破墙，然而，《珠牡和寄魂湖》①的传说仍然在这里流传。也许是藏族文化太富有

---

① 相传，噶嘉洛原来居住在西藏，后来流浪乞讨到黄河源，在莲花生大师的授意下留在了扎陵湖边，莲花生大师赐给他一个花容月貌的女儿，准备让她做格萨尔王的妻子。在格萨尔赛马成王前，岭部落决定把珠牡作为赛马的一项彩注奖给胜利者。七名美女之一的晁通王的女儿晁茂错，既羡慕又嫉恨，就将被恶毒的咒语浸泡了的一串项链送给了珠牡，珠牡早已识破晁茂错的险恶用心。只见珠牡扬起右手，口中念念有词，一阵微风吹来，珠牡手中的项链腾空而去，化作银花点点散落在湖面，变成了梅花藻。晁茂错眼看自己的阴谋被戳穿，十分懊丧，其他姑娘也都目瞪口呆，不知所措。自珠牡当上王后，格萨尔便在扎陵湖畔为他的岳父建造了这座宏伟壮观的宫殿。

神秘性、现实性和实用性，因此，史诗《格萨尔》中的灵魂观念走进了现实，反过来又丰富了藏族同胞的灵魂观念。藏族同胞自觉或不自觉地将周围的湖泊、山水甚至树木视为灵魂寄存处。藏族同胞一般把羊卓雍措湖视为自己的寄魂湖，把塔布东南方的曲科吉措湖看作达赖喇嘛的寄魂湖，把拉萨近郊的奔波日山和格培日山视为自己的寄魂山。从民间传说和史诗《格萨尔》的故事中可以看出，圣山、圣湖崇拜和灵魂外寄等观念对藏族同胞的意识形态产生了重要的影响。正如降边嘉措先生所言：万物有灵的观念是自然崇拜的思想根源和理论基础，而灵魂外寄和灵魂转世的观念，是灵魂观念的重要表现形式。从某种意义上讲，这种灵魂观念构成了雪域文化的根基，是雪域文化的一个重要特征。

四　从"全国首富县"到"生态难民县"

黄河源头是藏族同胞世代居住的美好家园。由于自然和人为的原因，这里的生态环境正在开始恶化。黄河从玛多流过，一年只有冷暖之别，无四季之分。年平均气温在零下四摄氏度左右，最冷的时候达到零下四十八摄氏度。据相关资料显示，1983 年和 1984 年，黄河源头的第一座县城玛多，水草茂盛，牛羊成群，牧民人均收入是全国最高的县，《人民日报》曾以头版头条发表消息，称其为全国学习的榜样、"治穷致富"的典范。但到 2005 年，仅仅过了 20 多年，黄河源头的生态环境急剧恶化，不但出现了"生态难民"，还出现了"无人区"。2005 年，《瞭望》杂志发表了题为《谁让青藏高原哭泣》的文章，描述了青藏高原冰川正在以惊人的速度消失的危机。2006 年，《西藏旅游》杂志发表了文章，揭示了"专家亮出黄牌"的生态危机。2007 年，《共产党员》杂志发表了以《青藏高原面临生态危机》为题的评论文章。2009 年 9 月 16 日，人民网环保栏目发表了题为《疯狂的虫草》的文章，其中称："专家估计，一名冬虫夏草采挖者一年就要破坏数千平方米的草地"，反映了人类乱采滥挖冬虫夏草对高原生态环境的严重破坏。从这一系列的报道中可以看出，青藏高原环境生态恶化的情况十分严重，当地构建生态文明的任务十分紧迫。生态环境恶化，对青藏高原气候和全球气候产生了极大影响。这种影响不仅威胁生态安全，还威胁经济社会的可持续发展，更影响人与自然的和谐相处。保护青藏高原的生态环境，是藏族同胞的历史使命，也是全国各族人民责无旁贷的责任，应该引起各级政府的关心和重视。

从 20 世纪 90 年代开始，由于气候变化和人为破坏等原因，青藏高原的草原面积开始逐步缩小，生态日趋恶化。流动人口增加、无序采金和过度放牧，导致自然灾害连续发生，牧业经济受到严重影响。牧草因缺水开始枯黄死亡。1999 年，该县遭受百年不遇的沙尘暴，有五万多头牲畜死亡，有六十五户牧民无家可归。2001 年以来，又有 38% 的牧户因冬季草场少水缺草而背井离乡。土地荒漠化特别严重，荒漠化的草原成了老鼠的天下，上吃牧草下吃草根，和牲畜争食，严重地威胁了牧民群众的生存。一遇到灾害就会有几十万头牲畜死亡。在黄河下游断流的同时，源头也多次出现断流。原来的近千个小湖泊如今已经干涸。

2000 年，扎陵湖和鄂陵湖的水位下降了 2 米多。黄河从鄂陵湖至黄河沿岸近六十公里出现断流，"千湖之县"的玛多，同样存在着缺水的问题。断流地区的藏族同胞吃不上水，每天只能到十几公里外的河滩上驮运。由于缺水缺草，牧民们迫于无奈，不得不放弃草场，赶着牛羊到都兰、格尔木等地过起"乞牧"生活，有的甚至远游到甘肃、四川、西藏三省区交界地带。[①] 同时，由于人类活动日益频繁，草原植被遭到破坏，野生动物数量显著减少。野牦牛、藏羚羊、棕熊、盘羊等珍稀野生动物面临着灭绝的危险。正如《青藏地区生态文化建设研究》记述：导致生态灾难的原因主要有以下几方面：

---

① 2000 年，笔者前往黄河源头调查。

第一，生态环境恶化，影响藏族同胞的生存权和发展权，导致许多藏族同胞失去生存家园沦为生态难民。据当地政府官员说：以"乞牧"为生的"生态难民"正在急剧增加。2005年底，在全县总数不到一万人的牧民中，由于生态恶化，有70%的牧民放弃了草原，他们赶着畜群，拖家带口到邻近地区乞牧。生态环境恶化的还有达日的吉迈，全镇总人口不到四千人，以乞讨、捡破烂、替人放牧牛羊等方式维持生活的"生态难民"总数已近千人。平均每四个人中就有一个是"生态难民"。达日县民政局负责人说，吉迈镇已经是青藏高原上名副其实的"生态难民收容所"。

第二，草地、森林、耕地、冰川退化或缩小，大批藏族同胞向城镇和东部地区迁移，给东部地区造成了沉重负担，各种社会问题凸显。

第三，各种商家不断增多，进入青藏高原的开矿者、挖金者越来越多，采药、偷猎、盗伐木材的行为不断，生态环境遭到了极大破坏，从而影响民族关系。

第四，生态资源不断减少，藏区省、县、乡之间因争夺水源、森林、草原、矿产、药材、土地等资源，时常发生纠纷，给地方的经济发展和社会稳定造成了严重的影响。

第五，外来人口不断增多，给当地资源、居民收入、教育、交通、就医、住房、就业等带来压力，直接影响到了人与人、人与自然间的和谐相处。

第六，现代文化对传统文化冲击很大。藏族同胞的价值观是以善为本，慈悲为怀，利他主义，人与人之间讲究一种宽容、关爱、仁慈的情感关系。而外来文化和现代文化的价值观是讲究竞争，讲究利益和效益，人与人之间建立的是一种利益关系。这两种截然不同的文化与价值观的撞击，产生了不和谐的现象。总之，自然环境恶化导致社会内部发展环境的恶化以及社会经济发展动力的弱化，这种情况使得少数民族产生心理和行为上的隔阂，这直接影响到社会和谐。①

2001 年 12 月 4 日，玛多遭遇百年不遇的特大旱情。2002 年 7 月以后，降水量比上年同期偏少 71%，而蒸发量达一百九十六毫米，两者比值为一比九，为历年最高值。据了解，黄河、北陵湖、黑河三乡受旱面积达二千万亩，布青山一带牧草全部枯黄死亡，无产草量。花石峡、清水、黑海三乡受旱面积达一千八百万亩。玛多平均亩产牧草不到二十公斤。干旱致使玛多一千六百九十九户牧民和三十万头（只、匹）牲畜受灾，二千多万亩夏秋草场的可利用率只有 50%—60%，三十万头（只、匹）牲畜无法安全越冬，70% 的牧民背井离乡租借他乡草场进行放牧。当年，玛多有关部门要求各乡、场做好牧业常规管理工作，加大出栏，变牲畜储备为资金储备，尽量减少灾情损失。②

毫无疑问，千百年来，藏族同胞所追求的就是一条人与自然、人与环境协调发展的道路，也正是对这条正确道路的追求和选择，才使得藏族同胞虽历经曲折，但仍能繁衍不息，也使得藏族同胞的文明得到了发展和延续。藏族民间文化有不少自然崇拜观念和神灵观念，其中暗含了这样一种思想——即人类只有依靠自然界才能生存、繁衍和发展。无论是"万物有灵"还是"灵魂外寄"，只要抛弃谬误成分，吸取精华部分，就能求得人与天地参合，与天地同气，达到"天时、地利、人和"的理想境界。继承和发扬藏族传统文化的理性光辉，对于今天保护生态环境、实施西部大开发战略，无疑具有重要的现实意义。

玛多这一黄河源区，曾被世界环境保护委员会誉为"全球四大净空"之一，令全国人民为之骄傲；但生态环境的急剧恶化，使玛多的藏族同胞深感忧虑。生态环境的好坏，直接影响到文化的存亡，间接

---

① 苏雪芹：《青藏地区生态文化建设研究》，中国社会科学出版社 2014 年版，第 66—67 页。

② 程伟、张岩：《黄河源头青海玛多县遭受百年不遇旱情》，http：//www. sina. com. cn，2001 年 12 月 05 日 07：19，中国新闻网。

影响到民族的存亡。生态环境得到保护，文化也会相应得到保护。如果生存环境被破坏了，民族的文化语境也就失去了。因此，只有保护好生态环境，呵护好家园，才能够使藏族同胞的优秀传统文化得以传承，并且日益发扬光大；才能够构建和谐社会，使藏族同胞乃至全国各族人民共同过上美好的幸福生活。

第十一章　青藏高原生态环境现状调查之二

——以甘肃甘南为例①

　　长期以来，人们忽视了国家的生态安全。生态安全是人类生存和发展的基本条件，也是经济社会发展的基础。自改革开放以来，我国广大人民群众的生活发生了根本性的变化，就连许多边远地区的人民都过上了小康生活，民族地区的经济得到了繁荣和发展。但生态环境的恶化，导致生态安全的问题日益严重，更成为经济社会发展的致命短板。由于自然、人为等多种因素，生态环境急剧恶化，致使甘南地区生态环境成了制约民族地区经济社会可持续发展的障碍和瓶颈。青藏高原生态链失衡，对黄河、长江源头及其流域产生了极大的威胁，对整个中华民族的生存提出了挑战，直接威胁青藏高原的生态安全，也关系到中国、东南亚乃至全世界人民的共同安全。近年来，党和国家出台了保护生态环境、保护生态安全的一系列方针、政策，加强生态环境和生态安全保护，已经逐步成为治国的重要方略。为此，着力对甘南地区生态安全的问题展开探讨，加强对甘南地区生态环境的保护，对保护青藏高原的生态，巩固亚洲地区的生态安全具有重要的战略意义。

---

　　①　本章为笔者主持的国家社科基金西部项目"藏区生态文明建设中的伦理问题研究"（项目编号：14XZX020）的两篇阶段性成果：一篇题目为《藏区生态保护调研报告——以甘南藏区为例》，载《中国民族学》（2015年12月第16辑）；另一篇题目为《藏区生态安全调研报告——以甘南藏区为例》，载《青藏高原论坛》（2015年第3期）。

一　地理环境

青藏高原素有"世界屋脊"的美称,不仅是南亚、东南亚地区的"江河源",也是中国乃至东半球气候的调节区。随着全球气候日益变暖,大气污染日趋严重,水资源逐步匮乏,土地资源日益减少,种群急速消亡,素有"亚洲水塔"美称的青藏高原,不再是"最后的净土"和"伊甸园"。中国登山队在珠穆朗玛峰上采集的雪水,经过化验,发现有不同程度的铜、铅、锌、镉、锰等金属残留,珠穆朗玛峰的各种金属残留物含量比南极多几倍甚至几十倍,这些都是通过高空西风从喜马拉雅山之巅传播而来的,人迹罕至的珠穆朗玛峰同样也被污染了。[①] 急剧恶化的生态对人类提出了极大的挑战。

甘南位于长江、黄河上游,东与定西、陇南毗邻;南与四川阿坝接壤;西与青海果洛、黄南相连;北靠临夏。地理坐标位于东经100°46′—104°44′,北纬33°06′—36°10′之间,东西长三百六十多公里,南北宽二百七十多公里。甘南是黄河、长江的分水岭地区,也是黄河、长江上游重要的水源补给区和水源涵养生态功能区。其独特的自然地理区位,决定了它在地形地貌、气候水文、植被物种等方面具有复杂性和多样性。[②] 甘南州委、州政府位于合作市,从行政区划来看,全州辖合作、临潭、卓尼、迭部、舟曲、夏河、玛曲、碌曲一市七县,总面积四万多平方公里,人口七十三万人,海拔二千九百多米,平均气温不到二摄氏度,无霜期短,日照时间长,是典型的大陆性气候。其行政区域位于甘肃南部,并以藏族为主体。甘南地方民族工业已初步形成了以水电能源、畜产品加工、建材、采矿冶炼、藏医药、山野珍品等为主的体系。甘南地区有藏、汉、回、土、蒙等二十四个民族。

---

① 林振耀、吴祥定编:《青藏高原气候纵横谈》,科学出版社1987年版,第91页。
② 中国科学院地理科学与环境资源研究所、甘南藏族自治州人民政府:《甘南州生态文明建设规划（2010—2020）》,2011年版,第1页。

甘南位于青藏高原的西北部边缘，是离汉族地区最近的藏区，也是内地通往藏区的门户。近年来，甘南地区生态环境和经济发展的矛盾日益显现，生态安全形势非常严峻。尽管甘南地方政府已形成了"生态立州"的发展共识，但从生态意识向生态行动的转变还需要一个过程；从粗放的高污染、高排放的发展方式转变到生态文明的发展方式，仍需要采取行之有效的激励措施。① 此外，甘南是个藏、汉、回民族的文化走廊，自古以来就是安多藏区的文化核心区，与西藏及其他藏区有着密切的经济和社会联系。长期以来，在这一特殊的地域中形成了独特的地域文化。

二　环境保护和治理的成效

甘南是我国十个藏族自治州之一，区域经济和地理位置极为特殊。自改革开放以来，党和国家高度重视，从 2000 年开始，各级地方政府出台了一系列环境保护政策和措施，周边地区的西藏、青海、四川以及云南的地方政府也积极响应，在生态环境保护工作中取得了显著成效，这充分体现了党和国家对民族地区经济发展的重视。

2005 年，胡锦涛同志在《在中央人口资源环境工作座谈会上的讲话》中指出："可持续发展，就是要促进人与自然的和谐，实现经济发展和人口、资源、环境相协调，坚持走生产发展、生活富裕、生态良好的文明发展道路，保证一代接一代地永续发展。"② 这既是对我国在环境保护与可持续发展方面所取得的成果的总结，也是对人类在 20 世纪末所取得的最重要的认识成果的继承和发展。2007 年，党的十七大报告提出："要建设生态文明，基本形成节约能源资源和保护生态环境的产业结构、增长方式、消费模式。"与此同时，国务院

---

① 中国科学院地理科学与环境资源研究所、甘南藏族自治州人民政府：《甘南州生态文明建设规划（2010—2020）》，2011 年版，第 21 页。

② 胡锦涛：《在中央人口资源环境工作座谈会上的讲话》，2005 年 3 月 12 日。

从甘肃实际出发，针对甘肃生态环境保护和生态安全问题，制定了《关于进一步支持甘肃经济社会发展的若干意见》①，该文件指出："甘肃是我国西北地区重要的生态屏障和战略通道，在全国发展大局中具有重要地位。"甘南位于青藏高原的边缘地带，是黄河水源补给区，其生态环境保护是甘肃的重中之重。甘肃省政府相继出台和实施了"甘南经济生态示范区""甘南黄河重要水源补给生态功能区生态保护与建设"等重大环保项目，并确定要"实施甘南重要水源补给区生态恢复与保护。全面启动甘南黄河重要水源补给区生态保护和建设规划"。

2010 年 1 月，胡锦涛总书记在中央第五次西藏工作座谈会上指出："要使西藏成为重要的国家安全屏障、重要的生态安全屏障、重要的战略资源储备基地、重要的高原特色农产品基地、重要的中华民族特色文化保护地、重要的世界旅游目的地。"② 接着，2011 年 6 月，国务院又发布了《关于印发青藏高原区域生态建设与环境保护规划（2011—2030 年）的通知》，相应的规划包括了西藏、青海、四川、云南、甘肃、新疆六省（区）二十七个地区（市、州）一百七十九个县（市、区、行委）的生态保护工作。这个规划的出台与实施，对加强青藏高原生态建设与环境保护，维护国家生态安全，促进民族地区的稳定和民族团结，全面建设小康社会具有重要的战略意义。

甘南当地政府编制了《甘南州生态文明建设规划（2010—2020）》，并于 2011 年 12 月 5 日在北京组织召开了专家评审会。为了将各项目标任务落到实处，甘南州委、州政府于 2012 年 8 月 7 日还制定出台了《甘南州生态文明示范州试点工程实施意见》。该文件从生态环境保护与建设、转变经济发展方式、优化消费模式、构建生态文化体系、建设生态文明支撑体系、建设生态人居工程六个方面提出

---

① 国务院办公厅：《关于进一步支持甘肃经济社会发展的若干意见》（国办发〔2010〕29 号），2010 年 5 月 1 日。

② http：//news. xinhuanet. com/politics/2010 – 01/22/content – 12858927. htm.

实施二十九大类一百二十三个项目、实现二十七项评价标准指标的目标任务。

2012 年 4 月，在国家发改委、财政部、林业局的《关于同意内蒙古乌兰察布市等 13 个市和重庆巫山县等 47 个县开展生态文明示范工程试点的批复》①中，将甘南列为全国十三个生态文明示范工程试点州之一，这就大大加快了甘南的生态环境治理步伐。与此同时，中国科学院和甘肃省也制定了《甘肃建设"全国生态建设、保护与补偿实验区"综合研究报告编写提纲》②，高度概括了甘肃社会经济与生态环境的基本特征，认识到了甘肃面临的发展压力和生态环境保护压力。

2012 年 12 月，胡锦涛在党的十八大报告中指出：当前和今后一个时期，要重点抓好四个方面的工作：一是要优化国土空间开发格局；二是要全面促进资源节约；三是要加大自然生态系统和环境保护力度；四是要加强生态文明制度建设。面对资源约束趋紧、环境污染严重、生态系统退化的严峻形势，要把生态文明建设放在突出地位，使其融入经济建设、政治建设、文化建设、社会建设各方面和全过程；要努力建设美丽中国，实现中华民族永续发展。这就为建设美丽中国，实现中华民族永续发展指明了正确的发展方向。

2015 年 4 月 25 日，党中央、国务院颁布了《中共中央国务院关于加快推进生态文明建设的意见》③，明确了加强生态文明建设的总体要求，这为甘南生态保护创造了重要条件。

此外，党中央还在《"十二五"藏区发展规划》中，给甘南安排了一批生态环境保护项目。在《甘南州生态文明示范州试点工程实施意见》中，已确定将重点实施一百二十三个生态环境保护类项目。甘

---

① 《关于同意内蒙古乌兰察布市等 13 个市和重庆巫山县等 47 个县开展生态文明示范工程试点的批复》，发改委等西部〔2012〕898 号。

② 中国科学院和甘肃省委、省政府：《甘肃建设"全国生态建设、保护与补偿实验区"综合研究报告编写提纲》。

③ 《中共中央国务院关于加快推进生态文明建设的意见》，《甘肃日报》2015 年 5 月 6 日。

南地方政府积极推进《长江流域"两江一水"生态保护与综合治理项目》和《川西北（甘南）沙化草地综合治理等重点工程》的立项审批工作。

甘南地方政府，把发展生态经济作为推动经济转型的重中之重，认真组织实施《甘南州循环经济发展规划》，根据规划重点建设"甘南州高原特色循环经济产业示范区"以及以甘南合作门浪滩工业经济园、甘南夏河安多循环经济示范园等为主的"一区九园"循环经济重点项目。同时，开发旅游、畜产、中藏药材加工、生态农业、清洁能源和低碳经济等产业，谋求打造循环经济产业链，转变经济发展方式，提高资源综合利用水平。甘南还专门成立了"生态立州"领导小组，分解目标和具体任务，完善目标责任制和激励机制，将环境质量、污染物总量减排等相关生态文明指标纳入干部考核评价体系，推动项目的实施。

甘南是黄河重要的水源补给区，黄河在甘南境内流程有四百三十多公里，占黄河全部流程的 7.9%，流域面积三万平方公里，占黄河流域面积的 4%，每年向黄河补水一百零八亿立方米，占黄河源区总径流量的 58.7%；长江支流白龙江涵盖甘南三个县市。甘南境内的生态环境，不仅关系到黄河中下游和长江中下游地区的可持续发展，还关系到黄河流域和长江流域的生态及人民群众的生产生活。甘南地方政府认为，建立和实行生态补偿机制是解决甘南黄河流域和白龙江流域生态保护和修复资金严重短缺问题的根本出路所在——他们提出了中央和省级设立生态建设专项资金，并列入中央和省级财政预算，对甘南州生态保护区域进行专项补贴的建议，同时，呼吁由黄河和长江中下游受益地区对上游生态保护区域进行一定比例的财政转移补贴，要求加强对甘南的生态补偿和修复支援。①

---

① 2012 年 11 月 22 日，笔者就课题相关事宜采访了甘南州副州长王砚，以上数据皆为访谈记录。又见王砚《甘南州实施"生态立州"发展战略专题报告》，吉林长春第四届中国生态文明论坛上的报告，2012 年 9 月 14 日。

三　甘南地区的生态现状

从 1950 年到 1990 年，甘南进行了一轮大规模的经济开发，人们大规模地采伐森林、过度垦荒、过度放牧，给生态环境造成了极大的破坏。2000 年至今，又经历了第二轮大规模的水电资源开发、矿产资源开发。这两轮经济开发给本来就脆弱的甘南生态环境雪上加霜，导致生态环境加速恶化。

2000 年以来，在党中央和甘肃地方政府的支持下，甘南先后启动实施了退耕还林还草、天然林保护、生态公益林建设、草原禁牧休牧、干旱草场节水灌溉、易地搬迁、牧民定居点建设等生态保护工程。但由于历史上欠账太多，生态环境问题仍旧很突出，主要表现在以下几个方面①：

第一，地表径流量减少。在暖干化气候影响下，青藏高原边缘的甘南地区地表径流量出现减少趋势。从 1960 年至 2000 年，黄河玛曲段二十八条支流中有十一条干涸，黄河干流径流量减少了 25.3% 左右；洮河出境水从四千六百多立方米减少到三千八百多立方米；大夏河亦由六百一十多立方米减少到四百八十多立方米。由于黄河干流（即洮河、大夏河和白龙江）的径流量减少，"两河一江"流域山谷间小溪绝流，数千眼泉水干涸，数百个大小湖泊水位下降。自 1980 年到 2004 年，甘南的沼泽也明显萎缩，已经从四千四百多公顷减少到一千八百多公顷。玛曲有数百个湖泊萎缩。乔科湿地正在消失。洮河源头的尕海在 1996 年到 1997 年曾两次干涸，2000 年又两次几近干涸，使湿地补给黄河、洮河的水量减少约 15%。"两河一江"的水源涵养和供给能力降低，暖干化程度严重，由此引发了草原退化和土壤干燥化，生物多样性也严重受损。

---

① 丹曲：《藏区生态安全调研报告——以甘南藏区为例》，《青藏高原论坛》2015 年第 3 期。

　　第二，过度开发森林，水土流失加剧。据统计，甘肃的少数民族地区有森林面积一千六百多万亩，木材蓄积量约有一亿立方米，分别占全省的 32% 和 54%。省内较大的迭部、舟曲、洮河、大夏河、祁连山、太子山等林场，大部分都地处在甘南地区。中华人民共和国成立以来，曾经有一段时间出现了乱砍滥伐、过量采伐的现象，致使森林资源大量被破坏，林地面积逐年缩小。生态环境遭到破坏导致旱灾、雹灾、洪水、泥石流等自然灾害频繁。甘南森林覆盖面积较大，如白龙江林区是甘肃最大的天然林区，从 1951 年开伐至 1998 年 9 月全面停伐，经过五十多年大规模的采伐，累计采伐森林面积达七百五十多公顷，占林地面积的 15.1%。历经数十年的不合理开发利用，目前林区内仍有活立木蓄积六十六万多立方米，森林覆盖率为 52.55%。由于长期重采轻育，加上烧荒、火灾的影响，白龙江林区及甘南境内森林资源萎缩，森林涵养水源能力降低，使甘南水土流失面积增加了 47.6%，水土流失严重。年土壤侵蚀量达七百二十多万吨，河流含沙量增加。近十年来，虽然局部地区采取了封山育林、退耕还林和天然林保护等措施，甘南林区生态有所改善，森林覆盖率已由 1998 年的 19.85% 提高到现在的 20.7%，但远未恢复到 1952 年的水平，林地也多为次生林。甘南的七县一市，河流输沙量依旧很大。

　　据调查，为了保护生态环境，迭部林业生产经营者在收获有形产品方面越来越多地受到限制，于是就出现了林区的贫困化，居住在公益林区的群众，丧失了自身的发展机会，出现了"少数人负担，全社会受益；穷人贡献，富人享受"的不公平现象，严重影响了社会的安定团结。① 迭部林区用材林早已被采光，后来采伐的大都是水源涵养林、防护林，甚至连早年采后保留的林墙、林帽也难逃厄运，森林资源濒临枯竭。不少山体岩石裸露，水土流失加剧，加速了生态环境的恶化。有一段时间，迭部有 30% 的自然村人畜饮水困难，有 60% 的农田灌溉水源濒临干枯。由于地表没有森林覆盖，每遇雨水季节，河

---

① 2012 年 11 月 20 日笔者在迭部采访时的笔录。

谷地带的农田被淹没，山体滑坡，村庄面临搬迁。全县水土流失总面积已达一千五百多平方公里。不仅给当地人民的生活和安定带来危害，也威胁了长江流域人民的生命财产安全。卓尼洮河林区也是林业生产基地，自1985年开始大规模采伐以来，森林覆盖率已下降到目前的25.6%，林线普遍后移八公里到二十公里。由于森林资源遭到严重破坏，致使气候开始发生变化，环境的恶化导致自然灾害频发，①河流量减少，含沙量增大，水土流失加剧，草场沙化严重。

　　第三，草地严重退化，土地沙化加剧。1986年以前，甘南自然灾害发生面积为一万多公顷；1998年，农业受灾面积增加到五万多公顷，增加了三倍；2000年，又遭受七十年不遇的特大旱灾。2000年，甘南草场退化面积已达一千二百多万亩，占全州草地面积的29.38%，草场产草量由20世纪50年代的四百多公斤/亩，下降到20世纪90年代的三百多公斤/亩。甘南现有天然草地二万八千多公顷，理论载畜量为每单位六万四千多只羊，到2004年实际载畜量达到每单位八百四十多万只羊，超载过牧十分严重。超载过牧使天然草地大面积退化、沙化，牧草品质退化，产草量逐年下降，毒杂草比例上升。目前，已有90%的天然草地发生退化，其中，重度退化草地为八千四百多公顷，其植被覆盖度和产草量分别下降到45%和75%，多样性下降到每平方米八种；中度退化草地为一万四千多公顷，植被覆盖度和产草量分别下降到45%—65%和42%，多样性下降到每平方米二十二种；中度以上退化草地的面积达到可利用草地的84.7%。退化草地主要分布在玛曲、夏河、碌曲、卓尼和合作五县、市。1993年，在国家实行粮食购销制度改革后，为了实现粮食自给，牧民对已退耕还草的牧场进行复耕，新垦草原面积达到六百二十多公顷，再加上人为在草原上滥采、滥挖贝母、冬虫夏草等药材的活动不断，草原生态又遭受新一轮的破坏，从而使甘南草地生态出现明显的恶化。据

---

　　①　杨伟良、李映惠：《西部大开发与甘肃民族地区生态环境建设问题研究》，《甘肃民族研究》2000年第3期。

不完全统计，甘南地区草原年退化率达到 4.5% 左右，是青藏高原草地退化速度较快、退化程度较重的区域之一，也已成为青藏高原沙化土地扩张最快的区域之一。

甘肃共有九个民族牧区县，约有一亿多亩天然草原，可利用草原也有一亿多亩，甘南和祁连山东、中段草场是我国品质优良的草场之一，曾经给国家提供了产量多、质量高的畜牧产品。据调查，目前九个民族牧区县的一亿多亩草场，约有四分之一出现了明显退化。特别是冬季草场严重不足，形成"夏饱、秋肥、冬瘦、春死亡"的状况。全省七个纯牧区草场的载畜量曾一度高达每单位七百六十多万只羊。长期超载放牧、重载乱牧，造成大面积草场退化。在一亿多亩草场中，缺水草场就有二千二百多万亩，无水草场就有三千七百多万亩，现在真正可以利用的草场已不足 50%。近年来，生态环境恶化现象仍不容乐观。

第四，草原生物多样性减少，鼠害严重。据有关资料统计，从 1960 年到 1970 年，甘南尚有各类珍稀脊椎动物二百三十种，现仅存一百四十多种，其中：濒危野生动物十四种，野驴、雪豹等十多种动物已完全绝迹。受威胁的植物种类有七十五种，完全绝迹的植物种类有十一种。白龙江和洮河沿岸的原生灌丛已大量消失，灌丛减少了 50%。草原鼠类多，会危害草原。老鼠啃食草根，挖洞推土，形成土丘，破坏植被。据不完全统计，甘南草原年遭受鼠害面积多达八百多万亩。草原一旦退化，必然导致生态恶化。草地虽然根系分布浅，但生长快，根系密，强化的根系对土壤有较强的吸附力和黏着力，可保护地表，防止土壤侵蚀，减少地表径流，当草原出现问题时，水土流失会日益严重。① 截至 2006 年，该地区受鼠害的草地面积已达四千八百多公顷，占草原总面积的 17%。每年因鼠害损坏牧草达五百多公斤。草原沙化严重，黄河两岸草原地表裸露，沙

---

① 杨伟良、李映惠：《西部大开发与甘肃民族地区生态环境建设问题研究》，《甘肃民族研究》2000 年第 3 期。

丘随风流动，加之公路两旁取土的地方裸露，沙丘间或部分草原黑土包隆起，鼠害肆虐。

第五，无序开发水电资源和矿产资源严重。甘南境内"两河一江"的一百二十多条支流纵横全境，水能资源理论蕴藏量为三万七千多千瓦，技术可开发量为二万二千多千瓦。至 2009 年末，已建成水电站一百五十六座，总装机容量八千三百多千瓦。但是，过度、无序的水电资源开发，使这些河流被人工分隔成许多河段，甚至每隔十几公里就有一座坝，形成江河寸断的局面。其中，在舟曲的白龙江、拱坝河、博峪河三条河流中，六十七公里长的河道就有四十一个建成或在建的水电站。在电站施工期间，有的施工单位将大量的弃土、废渣直接倾倒或堆放在河道或河岸，若遇特大暴雨极易酿成泥石流灾害，容易形成水土流失、滑坡；在电站运行期间，容易造成下游河段减水、脱水、河床干涸，使各江河支流沟渠化、湖泊化，使水环境容量下降，而且部分水库回水容易造成上游居民房屋裂缝、倒塌、地基坍塌，还使下游农业生产及群众生活用水发生困难。过度开发小水电资源，使"两河一江"河流生态环境发生改变，水土流失加重、水生态遭到破坏、河道景观劣化、用水难以保障等新的生态问题凸显。20世纪 80 年代初期，甘南一带水土流失面积仅为八十万公顷，到 20 世纪末，水土流失面积已扩大到一百一十五万公顷，不到二十年就增加了 44.5%。同时导致白龙江流量下降了 20.6%，而含沙量增加了73.3%；大夏河流量减少了 31.6%，而含沙量增加了 52.4%。甘南原有一百二十万亩沼泽地，现在缩小到不足三十万亩，使沼泽变成了戈壁滩，使草原荒漠化。前一段时间，甘南加快了矿产资源的开发速度，使原本十分脆弱的生态雪上加霜。各矿区都不同程度地出现地表水与地下水循环紊乱、塌陷区扩大、边坡不稳、水源污染、尾矿污染等问题。

第六，自然灾害频发，生态保护能力薄弱。甘南地区地势较高，自然条件较为严酷，自然灾害频发。西秦岭东西向构造带地质结构复杂，沟谷纵横，水土流失严重。舟曲、迭部、卓尼三县已经被划入国家地质灾害防治规划。陕南秦巴山地泥石流、滑坡较为严重，防治区内有滑坡点一百零九处，主要滑坡有三十二处，处在蠕动期和不稳定状态的滑坡二十余处，有泥石流沟道二百九十四条。滑坡、泥石流等地质灾害频发，给农业生产和人民生命财产安全造成了很大威胁。

总之，甘南生态问题突出表现在草地退化、土地沙化、水土流失以及生物多样性受到威胁四个方面。还有因气候变化而形成的以旱灾、沙尘、洪水为主的灾害，以崩塌、滑坡泥石流为主的地质灾害，以及以鼠、虫、毒草为主的生物灾害。甘南生态保护和环境治理的历史欠账太多，使甘南地方政府始终面临经济社会发展和生态环境保护的双重压力。

四　生态环境恶化的原因

据不完全统计，2006 年全国牛、羊饲养量，分别是 1978 年的二倍多和三倍多，全国草原平均超载牲畜达到 34%，较 20 世纪 80 年代增加 17%。一段时间以来，我国牧业人口增长，家畜数量增加，超过了草原的承载量，严重威胁了生态环境。北方草原向北退缩约二百公里、向西退缩约一百公里，草原每年约减少一百五十万公顷，这种生态恶化的事态十分令人担心；荒漠化土地面积为二百六十多万平方公里，占国土面积的 27.3%。

据报道，在中国，20 世纪 50 年代共发生沙尘暴五次，20 世纪 60 年代共发生沙尘暴八次，20 世纪 70 年代共发生沙尘暴十三次，20 世纪 80 年代共发生沙尘暴十四次，20 世纪 90 年代共发生沙尘暴二十三次，而 2000 年一年就发生了十二次。这使得人民生活受到极大影响，全国有 60% 的贫困县集中在风沙地区，有四亿人口受到荒漠化的影响。我国成为沙漠化最为严重的地区之一，每年有六十六万多公顷的土地沙漠化，居于世界首位；北部地区基本被沙漠包围，荒漠化最严重的地区是包括占国土面积 37% 的内蒙古、甘肃、宁夏、青海、新疆五个省、自治区在内的干燥地带；西北干旱区，也是黄风肆虐，荒漠化蔓延。

因此，加强我国生态文明建设的意义极为重大。生态环境保护是伟大的事业，需要有相应的经济条件、制度条件、政策条件和科学技术条件等与之配套。甘南地区的生态环境所面临的种种不利因素，表现在以下几个方面①：

第一，气候变暖导致环境恶化。青藏高原边缘的甘南地区，生态环境整体恶化的趋势仍未扭转。受全球气候变暖和人为因素影响，林线不断后移，雪线不断上升，地下水位不断下降，湿地面积退缩，"三河一江"②流量减少，草原沙化退化严重，植被覆盖和生物多样性锐减，生态环境逆行，各类自然灾害频发。③

第二，经济行为短期化。以人类为中心的思想仍然根深蒂固，一些人把生产力看成是掠夺自然、征服自然的能力，将发展等同于经济增长，将利润等同于效益，把环保等同于污染治理。一段时间以来，甘南地区的经济得到了迅速发展，人民的生活水平大大提高。然而，在经济利益的驱动下，一些人的目光盯住了对自然资源的开发和利用，大规模地开发矿产资源，将污染物排放到河流中，给甘南地区的生产生活带来了严重的影响。一些人一味地追求产量，在土地中大量使用化肥、农药，导致了水体和土壤污染、湖泊富营养化、土地板结、农产品污染及质量下降等问题。

第三，科学技术水平低。一段时间以来，甘南地区先后建起了不少厂矿企业，一些单位乱占耕地，设备简陋，"三废"处理率低。一些企业布局不合理，投资分散，污染源分布广，难以治理。加之环境管理薄弱，环保资金投入不足，污染治理措施少等原因，环境污染成为地方政府的心病，给广大人民群众的身心健康也带来了很大的伤

---

① 丹曲：《藏区生态保护调查报告——以甘南藏区为例》，《中国民族学》2015 年第 16 辑，第 110—111 页。

② "三河一江"指黄河、洮河、大夏河以及白龙江。

③ 景旭东：《加强环境保护　建设生态文明　着力构筑国家生态安全屏障》，《甘南发展》2015 年第 1 期。

害。"县市政府、职能部门的监管责任以及重点企业的污染治理主体责任落实不到位，相关职能部门配合协调机制不健全，环保工作齐抓共管的局面尚未形成。"尤其"对水电、矿产资源开发和公路建设中造成的生态环境破坏问题，没有引起高度重视，生态恢复治理工作滞后"。"生态文明建设资金投入不足，生态建设项目配套资金筹措难度大，污水处理项目进展缓慢、垃圾填埋场运行不规范、医疗垃圾的无害化处理问题较多；生态文明指标体系考核机制还未建立；工矿企业污染、生活污染和农业面源污染尚未得到完全控制；在水电、矿山、公路开发项目中，随意开挖山体、倾倒废渣和破坏环境的现象比较突出。"①

第四，环保法律制度不健全。甘南地区交通不便，加上经济落后，生态环境保护工作还没有走上正轨。与其他民族地区相比较，甘南地区起步晚，底子薄，就更谈不上建立适应农牧区环保实际的法律法规体系。"三不管地带"的环境治理盲区较多，相对较大的城镇，表面上有宽敞的马路，高楼大厦拔地而起，但河道污染仍然没有得到根本治理，夏季来临，层层叠压的垃圾恶臭难闻；雨季来临，水上漂浮的垃圾蔓延；更为严重的是部分单位或老百姓建房，污染水和粪便都排在自挖的地下渗井，污染了地下水源。地方政府制定了完整的环保制度和条文，但出现了牧村环境法规不配套，运行成本大，使得现行的环境保护制度在实际中难以有效推行。

第五，宏观决策与管理不当。甘南地区虽出台了一系列环境保护制度，但缺乏激励机制或激励制度，过于强调外部利益和长期效益，损伤了公众参与环境保护的积极性，以致环保主要依赖国家补贴和行政监督。有些地方，环保制度不周密，没有约束力，环保部门的执法人员没有担当，一味迁就环境污染，甚至坐视不管，导致出现"养黑吃黑"的局面。"农村环境连片整治项目缺乏有效的后续管理手段，

---

① 景旭东：《加强环境保护　建设生态文明　着力构筑国家生态安全屏障》，《甘南发展》2015 年第 1 期。

各县市都没有很好地落实运用管理经费，设施设备管护没有发挥应有的作用。"致使"全社会生态文明意识淡漠，忽视经济与人口、资源、环境的协调发展，对正确把握和处理发展与环境关系的认识还不到位，难以适应生态文明的要求"。①

第六，环境保护措施贯彻不力。在市场原则泛化，竞争机制到处发生作用的今天，经济不发达的农牧区，自然就会牺牲环境，追求经济增长。甘南地区，长期以来就形成了靠山吃山，靠水吃水，杀鸡取卵，急功近利的迂腐思想；在部分干部中出现了领导只管产值，将治理污染的烂摊子留给下届领导，惩治措施没有力度，罚款代替生态义务的现象。基层村环境保护机构还不健全。县级以下的乡镇基本上没有专门的环保机构，环境监测工作处于空白，执法监管力度不够，环保秩序混乱。"部分县市没有将重点生态功能区转移支付资金的60%全部用于生态建设和环境保护，资金效益没有得到充分发挥。"② 此外，"生态文明示范州的工作刚刚起步，工作的系统性、规范性不强，《甘南州生态文明建设规划（2010—2020）》至今未启动实施。"③

五　甘南环境保护的对策与建议

生态文明建设是党的十八大提出的理论创新成果，是国家治国理念的一个新发展和新突破，也是根据我国国情条件、顺应社会发展规律而做出的英明决策；是我们党和国家对人类社会发展规律的深刻把握和对人类文明发展理论的丰富和完善，也是对人与自然和谐发展的深刻洞察和实现我国全面建设小康社会宏伟目标的基本要求，更是对

---

① 景旭东：《加强环境保护　建设生态文明　着力构筑国家生态安全屏障》，《甘南发展》2015 年第 1 期。

② 赵四辈：《在 2015 年全州环境保护工作会议上的讲话》，《甘南发展》2015 年第 2 期。

③ 景旭东：《加强环境保护　建设生态文明　着力构筑国家生态安全屏障》，《甘南发展》2015 年第 1 期。

日益严峻的环境问题国际化主动承担大国责任的庄严承诺。通过以上调查和研究，笔者对甘南生态环境的保护提出了以下对策：

（一）遵从生态文明建设的大政方针，建立生态环境保护决策机制

甘肃是华夏文明的发祥地之一，在"建设生态文明"的今天，如何发掘、保护和弘扬传统生态保护理念，以此来保护好青藏高原边缘地区的生态环境，这也是当地政府和决策部门的头等大事。青藏高原的生态环境保护，关系到甘南地区的可持续发展，也关系到民族地区进入小康社会的成功与失败。甘南地方政府，在发展地方经济的同时，还要深谋远虑，在国民经济预算的总盘子里，加大投资力度，建立和健全生态管理机构、生态监测机构的建设。要借助相关的法律法规，严肃惩处污染大户，制止污染源头。要积极倡导传统的生态保护理念，动员广大人民群众的力量，确保相关政策的落实，确保恶化的环境得到合理的恢复。要采取缴纳税金、罚款，社会捐助，民间集资，企业投资等多元化筹资方式，弥补资金上的不足，保护自然环境，保护人们的家园。

要建立生态环境保护的综合决策机制，提高农牧区环保资金的有效利用。要实行环境质量行政领导负责制，实行本辖区生态环境质量负责制，分区分片，签订年度环境保护目标责任书，把特殊生态功能区的建设和管理、资源开发项目的管理等纳入责任书中。各级政府应与林业、农业、国土资源、水利、土地和畜牧等有关部门协调起来，双管齐下，严格年度考核，实行严格的奖惩制度，奖罚分明，形成长效机制。对为保护生态环境做出突出贡献的单位和个人要给予表彰鼓励，对造成生态环境破坏的单位和个人要依法追究刑事责任。

要全面普查本地区的生态环境情况，制定生态功能区划和生态环境保护规划，指导自然资源合理开发和产业合理布局，为区域宏观综合决策提供依据，推动民族地区经济社会与生态环境保护协调发展。在制定重大经济发展计划时，应当依据生态环境功能区划，充分考虑生态环境影响问题。在对水利、土地、森林、草原、矿产等重要自然资源的重大项目开发时，必须严格进行风险评估，力求将生态环境的破坏降到最低。对可能造成生态环境破坏和不利影响的项目该停就停。

（二）　尊重藏族传统的生态伦理价值，保护藏族文化的语境

在经济社会快速发展的今天，要树立正确的可持续发展观。在我国藏区的现代化进程中，既要保持自己的民族特色和地域特色，又要实现民族传统文化、自然环境与现代化建设的和谐。在藏族同胞的传统文化中，自古以来就有一整套维护生态环境的伦理观念，诸如对神山圣湖的崇拜、封山育林和草场的季节性轮牧、对野生动物的珍惜等。藏族同胞既是该地区生态环境的保护者，也是该地区生态保护的践行者，并由此形成了"节制的生活方式"。在从事牧业生产中，藏族同胞在不同季节里逐水草而牧，既保护了草原资源，又保护了野生动物的领地。从事半农半牧的藏族同胞，知晓合理使用土地，限制土地无序开发，禁止破坏性的生产。藏族同胞不追求奢华的生活，对待现世的生活态度比较简朴，只要能满足日常基本需求就是生活的目标。"节制的生活方式"是藏族同胞传统生态伦理的重要特征和内容。[①] 可以说，藏族同胞几千年来一代又一代以自己的艰苦朴素、勤俭节约为地球保存了青藏高原这一块自然生态环境的净土，为我国的其他地区，乃至整个亚洲的生态环境保护做出了贡献。[②]

自古以来，藏族同胞就珍惜自然资源，爱护生存环境，创造出了与自然环境和谐相处的价值观念，从而也形成了多彩的地域文化。藏族同胞认为，江河湖泊山川大地，既是人类的家园，也是神灵的居所。家园的一草一木都有生命，均由神灵主宰；善待大自然，大自然就会满足人们美好的祈求；触犯大自然的神灵，大自然就会给

---

①　南文渊：《藏族生态伦理》，民族出版社 2007 年版，第 294 页。

②　吕志祥、刘嘉尧：《高原藏区生态法治基本原则新探——基于藏族传统生态文明的视角》，《西藏民族学院学报》2010 年第 2 期。

人们带来巨大的灾难。在藏族同胞眼中，动物、植物等都有生命，众生因缘而生，没有尊贵和卑贱之分，只有种类之别，彼此都是伙伴。尊重生物生存的权利，这一生态伦理观念深深根植在藏族同胞的生活习俗中。这些传统文化理念中包含了浓厚的传统思想，但也蕴涵了今天提倡的"可持续发展观"和"生态文明"的萌芽。正是这些生态保护观念的世代延续，才保护了青藏高原的生态环境，保护了藏族同胞的家园。我们在遵循藏区的生态基本原则的前提下，还需要结合藏族同胞的传统生态伦理观念，将其运用在生态文明建设之中。藏族同胞的传统生态文明包括传统生态开发方式、民族生态习惯法、藏传佛教中的生态观和生态道德等传统伦理与行为模式。它是藏族同胞与藏区生态间相互依赖、生存、发展的历史浓缩，也是藏区生态保护的宝贵经验。①

（三）提高全社会的环境保护意识，依法保护生态环境

地方政府的各级环保部门，要监督当地企业的环保状况，有序开发资源，从源头上遏制环境污染。要加强基层环保队伍建设，定期组织人员培训，提高业务素质。要全面推进环境保护的宣传工作，提高各级领导和各族人民的环保意识。在大学、中学、小学中也要有序开设环境教育课，开展创建环境保护绿色学校活动，广泛开展环境保护的基础教育工作。

要使年轻一代树立环境保护意识。要加强农牧村环境保护的宣传教育，教育和帮助农牧民改变传统的生产方式和生活方式。要发挥新闻舆论的监督作用，表扬先进典型，批评违法行为，调动广大人民群众参与环境保护的积极性，通过社会成员的共同努力保护人类环境，最终实现环境教育的根本目的。具体来说：第一，要弘扬、传播生态文化和环境道德的基础知识。第二，要培养公众的环境意识——即环

---

① 吕志祥、刘嘉尧：《高原藏区生态法治基本原则新探——基于藏族传统生态文明的视角》，《西藏民族学院学报》2010 年第 2 期。

境保护意识、可持续发展意识、环境道德意识、环境参与意识等。第三，要培养公众的环境道德行为规范。

2001 年，中共中央颁布了《公民道德建设实施纲要》，该文件指出："家庭是人们接受教育最早的地方，高尚品德必须从小开始培养，必须从娃娃抓起。要在孩子懂事的时候深入浅出地进行道德启蒙教育。"这就要求家长首先必须具备环境意识，才能发挥榜样作用，才能教育孩子、影响孩子；同时，在整个家庭中，要营造一种爱护环境、保护环境的氛围。要深入开展"绿色家庭"创建活动，倡导绿色设计、绿色家装、绿色家具、绿色庭院、绿色照明等环境理念。

全国人大环境与资源保护委员会同中共中央宣传部、国务院有关部门联合开展的"中华环保世纪行"活动，围绕"向环境污染宣战""维护生态平衡""珍惜自然资源""保护生命之水""保护母亲河"等主题，广泛开展宣传教育活动，在全社会引起了强烈反响，推动了环境道德教育形式的创新，取得了很好的教育效果。[1]

在生态文明建设中，甘南地区必须加强法制建设，以确保可持续发展的顺利进行。甘南地区的生态保护与生态安全工作任务艰巨，当地政府已经制定了相应的政策法规，着力加快生态保护与建设的法制化进程——比如已制定了《甘南藏族自治州生态环境保护条例》。通过加快立法工作，依法加强对环境保护的监管，可以不断提高环境保护与利用的水平，进而探索生态保护与经济发展的良好互动机制；可以为促进生态的良性循环和经济社会的可持续发展提供可靠的法律保障。[2]

（四）积极开展国际环境合作与交流，坚持走绿色生态可持续发展的道路

甘南是青藏高原重要的生态安全屏障，甘南州第十五届人大第五

---

① 田文富：《环境伦理与和谐生态》，郑州大学出版社 2010 年版，第 168 页。
② 笔者于 2012 年 11 月 22 日采访了甘南州副州长王砚。

次会议明确提出：要以建设生态文明示范村为抓手，培育生态产业，发展生态经济，突出文化旅游产业，加快农牧业现代化进程。"绿水青山就是金山银山"，绿色循环低碳发展是甘南发展的未来之路。甘南地方政府持续实施甘南黄河重要水源补给生态功能区的保护工作，编印藏汉双语生态文明读本，积极推进宣传教育。2015 年，甘南地方政府治理重度沙化地四千八百多亩，治理退化草原三十二万多亩，建成了九十九个生态文明示范村。

　　甘南境内的藏传佛教文化、民俗文化以及自然景观吸引了国内外游客的目光，旅游文化资源品位极高。要备加珍惜这片"青山绿水大草原"带给本地区的良好条件，切实把生态经济作为引领甘南发展的主导力量，加速推动甘南走向生态经济。甘南地方政府坚持"谁开发谁保护，谁利用谁补偿，谁破坏谁恢复"的原则，设立生态恢复治理基金，促进生态环境保护与资源开发利用同步发展。

　　目前，我国已参加了多项生物多样性保护和生态保护的国际公约，青藏高原的各级政府也要认真履行国际公约，承担相应的国际义务，为全球环境保护做出贡献。要积极引进国外的资金、技术和生态环境保护经验，推动青藏高原环境保护的全面发展。

　　环境问题，是民生问题，是人类能不能健康生活的问题。环境伦理作为一种以人与自然、人与人、人与社会和谐共生、良性循环、全面发展、持续繁荣为基本宗旨的伦理观念，要求人类必须遵循自然规律，在维护生态系统平衡的前提下选择合适的生产方式开展生产实践活动。可见，环境问题的实质是环境伦理问题，是人类的价值取向和伦理道德问题，是人类对自己生活方式的选择问题。①

　　综上所述，"生态文明建设"这一目标为我们绘制了宏伟蓝图。当前，环境问题的严峻形势和复杂性，迫使我们只能直面资源约束趋紧、直面环境污染严重、直面生态系统退化的严峻形势，推进生态文

---

① 田文富：《环境伦理与和谐生态》，郑州大学出版社 2010 年版，第 20 页。

明建设。① 作为西部贫困地区之一的甘南地区，在经济飞速发展、农牧产业结构不断调整的条件下，必须提倡藏族同胞的传统生态保护理念，完善环境教育体系，不断提升环境质量要求，完善环境管理体制和相关的法制体系，建立和完善环境保护常态运行机制。只有这样，生态文明建设才能搞得更好，才能实现中华民族的伟大复兴。

---

① 李迪华:《"美丽中国"的抵达》,《瞭望》2012 年第 47 期。

第十二章　构建现代生态伦理学理论体系

　　人与自然和谐相处，是构建社会主义和谐社会的主要内容，也是人类的共同理想。自然崇拜、图腾崇拜就是早期人类表达这些思想的反映。这些思想通过民间信仰的历史传承一直影响着人们的思想行为。[①]

　　青藏高原的藏族同胞，在万物有灵的思想观念的支配下，建构了人与自然和谐相处的生态伦理观念，这些思想与当今人类所倡导的生态文明建设主题不谋而合。藏族同胞宇宙观念中的人、神架构，以及人与自然的架构、人与各种生物的架构，共同构筑了藏族同胞的生态伦理理论体系。如果我们合理利用，就会在藏区的生态文明建设中发挥重要的作用。

一　人与自然和谐相处

　　据有关汉文文献记载，和谐的"和"字，最早见于甲骨文和金文。"和"字在古代又写作"龢"。"龢"字表示乐器，因而"和"与音乐有着密切的联系——可以表示乐音的"谐和"或音程的"和谐"。到了春秋时期，"和"在儒、道、墨、法等先秦各家的论著中

---

① 陈明文：《民间信仰中"人与自然和谐相处"思想初探》，《民间信仰、教派形态与现象》，知识产权出版社 2012 年版，第 197 页。

都有特殊的位置，其寓意也从音乐领域延伸到政治、伦理、艺术等领域而呈现多元化的含义。中国古代的和谐理念来源于《周易》一书中的阴阳和合思想。《左传》记载有"如乐之和，无所不谐"，以乐章而喻和谐理念，标志着"和谐"理念已经延伸和扩展到了政治和社会生活领域。

在西方，和谐（harmony）一词最早源于古希腊的哲学用语，被用以解释天体运动规律。毕达哥拉斯首次把"和谐"作为哲学的范畴进行研究。此后，赫拉克利特则在对立中谈和谐，他认为，"对立的东西产生和谐，而不是相同的东西产生和谐"。黑格尔认为，不同的事物按照一定的方式协调一致就是"和谐"。

在中国的传统文化中，"伦理"一词最早出现于《礼记》，将其阐释为"乐者，通伦理者"。《说文解字》说："伦，从人，辈也，明道；理，从玉，治玉也。"即伦理在中国传统文化中主要是指人伦之理，伦常之理，是做人的要求和规范。在《辞海》当中，"伦理"一词被解释为：处理人们相互关系所应遵循的道理和准则。当今人们经常把它作为"道德"的同义词使用。伦理的本义是指社会关系，伦理本义中所强调的社会关系已逐渐被扩大到包括人与自然的关系或人与环境的关系在内的广义的道德准则。环境伦理学是研究由于人、自然、社会三者之间相互作用而产生的道德现象的科学，而人、自然、社会三者各自的内部运动规律又是不尽相同的，这就使环境伦理学研究的内容具有复杂性和广泛性。① 由此可见，不管是"和谐"还是"伦理"，都离不开自然规律。

中国传统文化包含着丰富的和谐思想，这种和谐思想也是思想家、政治家所追求的一种理想社会状态。从《易经》提出"太和"到孔子的"和为贵"再到范仲淹的"政通人和"，都包含有浓厚的和谐社会思想。民居安乐、政治清明的和谐社会之建设，是在社会主义历史时期中国共产党对马克思主义理论的继承和发展。社会主义和谐

① 田文富：《环境伦理与和谐生态》，郑州大学出版社2010年版，第26页。

社会，在一定意义上就是人与人的和谐以及人与自然的和谐。

近年来，国际经济高速发展，人民生活水平快速提高，由此给生态环境造成的压力已达到临界状态，使得人与自然的不和谐成为发展的重大障碍。

在中国，人们已经意识到：没有人与自然的和谐共处，人与人之间就不可能实现真正的、持久的和谐；没有人与自然的和谐共处，人类将失去生存的依据，"民主法治、公平正义、诚信友爱、充满活力、安定有序"将无从谈起。正确认识人与自然的和谐共处，重视生态环境保护和生态安全，增强可持续发展的能力，是构建社会主义和谐社会的前提和基础，是中华民族生存与发展的根本国策。正如学者所言：从广义角度看，生态文明是指人们在改造物质世界，积极改善和优化人与自然、人与人、人与社会关系，建设人类社会生态运行机制和良好生态环境的过程中，所取得的物质、精神、制度等方面成果的总和。……生态文明的前提就是尊重和维护自然，维护人类自身赖以生存发展的生态平衡；生态文明的实质就是要摆正人与自然的关系，实现人与自然的和谐共生，引导人们走上可持续发展的道路。①

据藏文文献记载，人类的祖先是从自然物中产生的。《松赞干布遗训》《巴协》《贤者喜宴》中就有藏族先民因"神猴与罗刹女"结合而繁衍形成的记载，后来又出现了"六大种姓"之说。殊途同归，其他兄弟民族也有类似的说法，如白族中，有十一个氏族自称为虎氏族人——这些族人认为他们是虎的后代；还有十一个氏族自称是鸡家族人。"这种人类起源与对自然物的信仰把人与自然类化，无疑大大拉近了人与自然的距离。""在民间信仰中，人与自然是一个有机的整体，共同构筑了我们的现实世界，在这个世界中，天被视为天堂，是神的居所；地被视为人间，是人的居所；地下被视为阴间和地狱，是鬼的居所。在神、人、鬼三界中，神是最高统治者，人与鬼都必须

---

① 田文富：《环境伦理与和谐生态》，郑州大学出版社 2010 年版，第57—59 页。

服从于神的统治。自然物都是神的创造物。"① 虽然这些民间习俗有着浓厚的宗教色彩，但一直为构建人与自然、人与社会、人与人之间的和谐关系，发挥着重要的作用。

二　人与自然共荣共生

羌族的山神祭祀与藏族的山神信仰有着异曲同工之妙。羌族山神的具体标志便是寨子附近山上堆起的小石堆，当地人称之为"塔子"，羌语称为"喇色"。事实上，寨、村不只是单纯的二级社会结构。祭同一山神或庙子的，也不尽然是同一寨或同一村的人。其中蕴涵相当复杂的人群认同等，表现为相关的山神与庙宇信仰，以及村寨人群的"祖先来源"记忆。② 因此，从理论上讲，羌族有多少地名与寨名，就有多少的神。③

在云南藏区，生活在卡瓦格博神山脚下的藏族同胞，为了生活的需求常年在神山脚下耕地、建房、放牧、打柴、采药、打猎。不过藏族同胞格外敬畏神山，通常不敢进入深山砍树、打猎，只敢采药和泡温泉等。④ 圣湖崇拜是迪庆藏族同胞的一种传统习俗。根据有关资料记载，迪庆境内具有一定规模的湖泊达九十四个，其中香格里拉境内有二十三个，德庆境内有四十四个，维西境内有二十七个。⑤ 这些湖泊，有的坐落在辽阔的草原上，有的位于冰峰雪岭之下，而大多数则隐蔽在茫茫林海之中。这些湖泊的最大特点是位于高海拔地区，并同周围的森林、草原和雪山相呼应，形成了一个个健全的小型生态系统。其中较著名的湖泊有碧塔海、纳帕湖、属都湖、黑海、碧沽天池

---

① 陈明文：《民间信仰中"人与自然和谐相处"思想初探》，载《民间信仰、教派形态与现象》，知识产权出版社 2012 年版，第 198 页。
② 王明珂：《羌在汉藏之间》，中华书局 2008 年版，第 40 页。
③ 同上书，第 274 页。
④ 尕藏加：《文化时空与信仰人生》，西藏人民出版社 2014 年版，第 21 页。
⑤ 勒安旺堆等：《深山下的圣境》，云南人民出版社 1999 年版。

和千湖山等。① 碧塔海，是迪庆地区一个充满神奇色彩的圣湖，当地藏族同胞对它怀有深厚的感情，并寄托了许多美好的向往。如《猎人在碧塔海畔猎獐的故事》② 就记载了圣湖与藏族猎人之间的故事。③ 正如爱弥尔·涂尔干所说："有时候氏族成员把图腾动物称为父亲或祖父，这似乎表明他们感到对图腾动物还处于一种心理上的依赖状态。但另一方面，也可能是更普遍的情况，氏族成员对图腾动物的称呼体现了相当平等的感情，它们被称为人类的朋友或大哥。最后，这种关系更像是联结同一家庭成员的纽带。就像班迪克人所说的，动物和人都是一样的骨肉。由于这种亲属关系，人们把图腾动物视为可以依赖的亲密伙伴。"④

三　"天人合一"的意蕴

中华民族在长达几千年的历史发展过程中，经历过矛盾与摩擦，经历过患难与痛苦，但始终能够在统一的多民族的大家庭中繁荣发展。应该说，这同中国的传统"德治"——这种协调民族关系的理论和实践是分不开的。⑤

遵循自然规律，与大自然和谐相处；尊重万物众生，赋予自然万物以灵魂。"对于广大藏族信教群众来说，藏传佛教就像是一位永不衰老的生活导师，不停地塑造着他们的生活方式和经济行为，有鉴于

---

①　尕藏加：《文化时空与信仰人生》，西藏人民出版社 2014 年版，第 22—23 页。

②　《猎人在碧塔海畔猎獐的故事》记载有：一天，一位猎人到碧塔海畔山中猎取獐子。那清晨浓雾笼罩着湖面，上午九时，忽闻湖上水声大作。猎人抬头看时，只见云雾袅袅，盘旋为柱状直往天空升去，云蒸霞蔚中一条龙也正在上天，猎人立即朝着龙升天的方向合十吟诵"唵嘛呢叭咪吽"，之后又就地朝天磕了三个头。这以后，他打猎再无空手而归之事。

③　尕藏加：《文化时空与信仰人生》，西藏人民出版社 2014 年版，第 23 页。

④　[法] 爱弥尔·涂尔干著，渠东、汲喆译：《宗教生活的基本形式》，上海人民出版社 1999 年版，第 178 页。

⑤　贺金瑞、熊坤新、苏日娜：《民族伦理学通论》，中央民族大学出版社 2007 年版，第 11 页。

此，藏族地区的自然保护管理局等环保部门，曾聘请寺院僧侣充当自然保护区的宣传员，让他们借助因果报应和轮回转世等宗教伦理思想，在藏族同胞中倡导生态保护意识，为保护当地自然生态环境做出了特殊贡献。"① 据传，莲花生大师到达藏区弘扬佛法，降伏了卡瓦格博（kha-ba-dkar-po）山②并授其居士戒，使其成为佛教保护神，掌管该山脚下藏族同胞的现实幸福和死后的归宿。这座神山有许多名称，"这些称谓反映了不同人群对这条山脉的了解和认识，具有各自特定的文化内涵"。噶举派黑帽系第二世活佛噶玛拔希（1204—1283）的《绒赞卡瓦格博赞》（rong-btsan-kha-ba-dkar-po）祈祷文，向广大山民阐释了卡瓦格博神山的英姿和超凡的功能以及周围环境的殊胜之处。噶举派黑帽系第三世活佛让琼多杰（1284—1339）曾抵达卡瓦格博神山脚下，给神山加持开光，并作了圣地巡礼指南。1986年9月13日，第十世班禅大师（1938—1989）也曾朝拜此山。当时阴雨连绵，云雾笼罩，第十世班禅大师率随行的众活佛诵经、祈祷，刹那间，雨住了，云散了，神山露出了它那洁白的身影。③ 这些传奇，大大强化了藏族同胞对神山及其领地的崇拜之情。

四川阿坝的松潘，位于岷山山脉中段。在这里，名气最大的神山叫夏东日神山（shar-dung-ri-gnas-ri，意为"东部海螺山"）。这座神

---

① 尕藏加：《文化时空与信仰人生》，西藏人民出版社 2014 年版，第 31 页。

② "卡瓦格博"系藏语，意为"白雪皑皑的古老雪山"，俗称"梅里雪山""太子雪山"。按照民间说法，藏族同胞将德钦境内怒山山脉的北段称为"梅里雪山"，南段称为"卡瓦格博"。卡瓦格博山属于云南与西藏交界的怒山山脉，是一座南北走向的庞大雪山群体，在绵延数百里的雪岭中，海拔五千米的山峰有二十七座，海拔六千米以上的山峰有六座，主峰卡瓦格博海拔六千七百多米，是云南第一高峰。卡瓦格博山下的冰川延伸数公里，冰川两侧的森林郁郁葱葱，在海拔四千米雪线下有针叶松、云杉、红松、冷杉等。卡瓦格博在人们的心目中占有重要的地位，与佛菩萨相提并论。卡瓦格博山被纳入整个藏区的八大圣山之内。祭祀它，也不能忘记祭祀其他的神山，正如："另外焚烟共祭有：相祭总山冈底斯山（spyi-rdza-gangs-dkar-ti-si），舅父玛年奔热山（pha-zhang-rma-gnyan-spong-ra），母舅上座唐拉山（ma-zhang-thang-lha），自舅杂日杂贡山（bdag-zhang-tsa-ri-sta-gong），兄长拉齐白雪岭（pho-ba-la-phyi-gangs-ri），幼弟岗布清凉域（nu-ba-sgam-po-bsil-ljongs），小姐康嘎夏麦山（sras-gangs-dkar-sha-med）。"

③ 仁钦多杰、祁继先编：《雪山圣地卡瓦格博》，云南人民出版社 1999 年版。

山位于松潘的黄龙风景区。当地藏族同胞认为，这座神山的山神是一员武将，他肤色呈白色，坐骑为白马。按照传统，当地藏族同胞在每年藏历虎月（冬季积雪封山，道路不畅；夏季毒蛇出没，行走不安全，故人们选择秋季的虎月）都要去这座神山转山。走外转山路需要七天，而走内转山路则需要两三天。正好每年藏历虎月的十三日、十四日、十五日又是黄龙庙会时间——藏语称"盖措东毛"（gser-mt-sho-ston-mo，金海喜宴）。藏族同胞既可以转神山又可以参与庙会。

西藏林芝的措宗寺（mtsho-rdzong-dgon）位于工布江达境内，是一座宁玛派寺院，历史悠久，宗教影响很大。该寺距县城八十公里，坐落在巴松湖的小岛上。据记载，巴松湖是一座神湖，是措曼杰莫（mtsho-sman-rgyal-mo）女神的水宫。措曼杰莫女神在水域神灵家族中具有一定的势力。后来，高僧桑杰林巴遵循莲花生大师的授命，兴建措宗寺。该湖也因此成为藏族同胞朝拜的一个重要的圣地。该湖面积约二十六平方公里，湖深一百六十多米，湖面海拔三千五百多米，湖心岛面积二千平方米。每年四月十五日的萨嘎达瓦节，都有许多善男信女来此绕转神湖。

在民间信仰中，自然界的万事万物都是归神所有的，人类要想从自然界中获取物质生活资料，必须得到神的允许。神是自然环境中的伟大保护者，人类是不能随意从自然界中获取自然物的，否则就会受到神的惩罚。在自然崇拜观念中，人类从自然界中获取物质财富是要遵守规则的，不能无序进行——如狩猎，在春天是禁猎期，是绝对不允许狩猎的；狩猎只能在冬天进行。另外，人类不论是动土，还是狩猎、伐木等，都必须先敬神，在得到神的允许后方能进行。①

通过以上大量实例不难看出，藏族同胞的神山崇拜观念，将整个藏区的地理环境纳入了统一的地域范畴之内；各地区之间相互联系，共同祭拜众多的神山。这种信仰在民间是普遍存在的，它对有

---

① 社会问题研究丛书编辑委员会编：《民间信仰、教派形态与现象》，知识产权出版社 2012 年版，第 201 页。

效利用自然资源、切实保护自然环境发挥了积极的作用。① 民间信仰是民众精神世界的一部分。蕴藏在民间信仰中的那些关于人与自然和谐相处的古老思想影响了我们的一代又一代人并传承至今，形成了我们热爱自然、爱护环境的优良传统。这对于促进人与自然的和谐发展，构建和谐社会发挥了重要作用。今天，我们要充分利用和发掘这些传统文化中的宝贵资源，为构建社会主义和谐社会，实现人与自然的和谐发展，促进社会的文明进步服务。② 藏族同胞世世代代生息在雪域高原，在历史上所形成的与祖国各民族血肉与共的关系，使他们在任何时候都把自己的命运与祖国的命运联系在一起……他们形成的具有藏族特色的"倾心向内"的爱国意识，也逐渐成为藏族同胞的伦理要求和道德准则。③

四　藏区走可持续发展的道路

一个民族的生活环境与生活方式造就了特殊的生态文化，生态文化养护着一个民族的生态环境，并由此为世界生态多样性和文化多样性做出了贡献。④ 佛教自传入青藏高原后，在当地影响极大。藏族同胞以慈悲之心关爱生命，以无私无畏之心普度众生。他们从不胡乱屠杀生命，从不乱砍滥伐；他们注意保护生态环境……这些，无不体现出藏族同胞对家园的重视、对生态环境的保护。

（一）"天人合一"的整体观

在中国传统文化中，"天人合一"是传统哲学的基本精神，它要

---

① 陈明文：《民间信仰中"人与自然和谐相处"思想初探》，《民间信仰、教派形态与现象》，知识产权出版社2012年版，第201页。
② 同上。
③ 余仕麟、刘俊哲等：《儒家伦理思想与藏族传统社会》，民族出版社2007年版，第469—470页。
④ 贺金瑞、熊坤新、苏日娜：《民族伦理学通论》，中央民族大学出版社2007年版，第320页。

求人与自然和谐统一。"天"有自然、天道和神灵等多重含义，"人"则含有人生、人道、人事、人为等意思。在这些关系中，自然与人为的关系最为重要。老子用"道"来概括宇宙的总根源，认为天地万物是一个整体。老子把天、地、人等宇宙万物连贯为一个有机统一的整体，"人法地，地法天，天法道，道法自然"。道家诸位名人，一致肯定万物的和谐性、依存性，认为宇宙、天地、万物与人休戚相关。庄子则更加鲜明地表达了这一思想，"天地与我并生，而万物与我为一"。作为儒家六经之首的《易经》，从乾（天）、坤（地）两卦出发，认为人类甚至所有生命的生存都与自然环境紧密联系，由此组成了人与生物所需的光、热、空气、水分等自然条件，它们共同成为生物和人类生存的环境。

中国古代哲学的"万物一体""天人合一"的思想，反映了人类对人与人、人与自然辩证统一关系的初步认识，强调了天、地、人整体和谐的重要性，充分显示了中国古代思想家对于客观规律之间关系的辩证思考。在佛教的理念中，宇宙本身就是一个生命之法的体系，生命存在于生物体中，也潜伏在无生物体中，宇宙的变化是生命产生的力量所在。因此，生物和人的生命是宇宙生命的表现。人类随意破坏环境，毁灭生命，是破坏"生命之法"的秩序；对生命造成损害，也会使人类遭到因果报应，最终受到惩罚，给自己带来灾难。因此，藏传佛教提倡要尊重一切众生，"不杀生"是十戒律之首。教化人要遵循生命之法，要维护自然环境的秩序，维护自然的和谐状态。只有保护环境，普度众生，才能消除"恶业"，解脱烦恼，最终修德成佛。

在佛教看来，非常适宜人类居住的美好的生态环境就是极乐世界，如《大藏经》讲："极乐世界，净佛土中，处处皆有七妙宝池，八功德水弥漫其中。何等名为八功德水？一者澄清，二者清冷，三者甘美，四者轻软，五者润泽，六者安和，七者饮时除饥渴等无量过患，八者饮已定能长养诸根四大，增益种种殊胜善根，多福众生常乐受用。"极乐世界有各种树木花草，还有利于身心健康的花雨，以及奇妙多样的鸟类等。

正是藏族先民对自然环境与人类生存的亲密关系的自觉意识，才使得他们有着保护生态环境的道德行为。虽然这些行为的发生是宗教或神灵的因素在起作用，但在客观上保护了雪域高原的生态环境，为当代乃至后代中国人的生存和发展做出了贡献。

（二）节用裕民的思想

中国的传统哲学，探讨了人与自然的关系，也诠释了天地万物共存的普遍规律。

中国古代先民在向大自然索取时，主张要"适时"而"有节"。炎帝"神农之禁"规定："春夏之所生，不伤不害。谨修地理，以成万物。"大禹"禹禁"规定："春三月，山林不登斧，以成草木之长；夏六月，川泽不入网罟，以成鱼鳖之长。"西周的《伐崇令》规定："毋伐树木，毋动六畜，有不如令者，死无赦。"这是用法令保护水源、动物和森林。齐国的管仲将环境保护提高到了治国的高度强调，认为："苟山之见荣者，谨封而为禁。有动封山者，罪死而不赦。有犯令者，左足入，左足断，右足入，右足断。"荀子也主张"节用裕民""节流开源"。"圣王之制也：草木荣华滋硕之时，则斧斤不入山林，不夭其生，不绝其长也。鼋鼍鱼鳖孕别之时，网罟毒药不入泽，不夭其生，不绝其长也。"

道家认为，人是天地万物的一个组成部分。"以道观之，物无贵贱。以物观之，自贵而相贱。"儒家升华了这种思想，强调天地万物的地位和价值，"天何言哉，四时行焉，百物生焉，天何言哉！""智者乐水，仁者乐山；智者动，仁者静；智者乐，仁者寿。"其中既有美学上的情感体验，也有伦理学上的自然关怀。

综上所述，中国传统的哲学理念普遍承认自然界是生命之源，并且主张要尊重自然、爱护自然，适度、适时开发和利用自然。这些观点蕴涵了丰富、深刻的保护自然的思想。

青藏高原，山高水险，地势高寒，藏族同胞生活条件艰苦，形成了自然崇拜、神灵崇拜的传统习俗。藏族同胞在日常生活中，遵守对自然界的诸多禁忌，以此表达对自然的崇敬、感激、畏惧和顺从之情。藏族同胞认为，为了生活，可以适度获取自然资源，但要在特定的时期里进行，这样才能风调雨顺，家庭平安。藏族同胞根据一年四季的节气，依据草场的不同，选择不同的畜群轮换放牧。藏族同胞注意维护、保持一定面积的草地，使之能持续承载各类动物的生存。藏族同胞巧妙地利用草原，控制草原载畜量，确定合理的放牧强度，使之既不超出草场生产力总量限度，又给其他生物提供了一个适宜生存的环境。这些都彰显了藏族同胞合理利用自然规律，保护自然环境，与大自然和谐相处的智慧。

（三）仁民爱物的精神

中国古代思想家具有丰富的人文主义思想，他们普遍认为，人是天地所生，人在天地之间有重要的地位。中国古代思想家还认为，尊重天地万物和关怀生命是处理人与自然关系的基本原则。这就生成了伟大的道德情感。中国古代思想家主张"天人合德""天人合一"，其目的是为了"赞天地之化育"，使人与环境和谐发展。这体现了积极进取的实践理性，也表现了利用环境、保护环境的道德理念。

藏传佛教的形成，给藏族同胞的思想提供了一个广阔的空间，使藏族同胞的文化视野更为开阔。同中国古代思想家一样，藏传佛教的高僧大德，除保留和遵循传统的道德价值观外，还认为应该以社会整体的价值道德来衡量个人的道德标准。从崇拜英雄到崇敬智士的这个转换过程，就传达着这个民族独特的精神世界的变化。对于生命的尊重、对于自然的敬畏和普度众生的利他精神，成为藏族同胞在艰苦的生存环境中践履的道德价值观念。在这种道德观的支配下，藏族同胞在社会生活中，化战争为和平，化勇士为智士，把慈爱、善良引向人性的最高阶段，并在自己的内心深处信奉着、热爱一切众生，亲近赐予他们赖以生存的大自然，剔除人性中的无知、妄念和非理性。

受藏传佛教影响，在古代藏区，"因果报应"的"业报"思想强烈地唤起了藏族同胞自觉保护生态环境的意识。据藏文文献记载，吐蕃时期，统一青藏高原的松赞干布曾到黄河与白河合流处察看，他见森林毁坏严重，便下令把山林分为两类：一类为神山，由寺院负责看管，严禁任何人侵犯；另一类为"公林"，由各部落共同管理使用。随着藏传佛教的进一步发展，功德无量的松赞干布也被尊为"法王"，他所制定的保护林木的规定在后世也被神化，藏区地方政府遵循不逾，这有力地保护了森林和生活于其中的野生动物。在藏区的民宅、各寺院的壁画和传统的唐卡里常见有"四兄弟图"（mthun-pa-rnam-bzhi）①和"六长寿"（tshe-ring-rnam-drug）②故事图。这两幅图画形象地告诫藏族同胞：人类应该与大自然和谐相处，应该与一切生物和谐共存；人类应该避免互相械斗，使人类健康长寿，使天下太平吉祥。

　　藏族同胞创造了光辉灿烂的藏族传统文化，其中那些多姿多彩的生态伦理道德观念，是青藏高原生态环境保护和可持续发展的重要精神力量。从某种意义上讲，如果没有青藏高原的生态文明，就没有我国的生态文明，更没有我国的可持续发展。在构建生态文明的过程中，我们应该利用好和保护好这些重要资源，使其在青藏高原乃至全国的可持续发展中发挥重要的作用。我们要充分发扬藏族同胞保护自然环境的优良传统，吸取藏族同胞传统道德观念中的精华部分，破除人类中心主义的价值观，树立人与自然和谐统一的生态伦理观。我们要保护野生动物和森林资源，清除环境污染，恢复和保护青藏高原的生态平衡，以有利于子孙后代的生存和发展。我们要加强藏区的生态文明建设，加强民族团结，建立以诚信为本和以德治国的社会主义道德文明体系。发扬藏族同胞优秀的生态文化，坚定不移地走可持续发展的道路，实现中华民族的生态文明建设构想。这是历史的必然选

---

　　①　"四兄弟图"，即大象、猴子、山兔和羊角鸡。佛语又称之为"和气四瑞"，按照传统的说法，这四种动物互相尊重，互救互助，和谐相处，能够使地方安宁，人寿年丰。
　　②　"六长寿"，即岩长寿、水长寿、树长寿、人长寿、鸟长寿、兽长寿。

择，也是时代赋予我们的神圣职责。

当前，全球生态环境恶化的情况不容乐观，许多生态资源遭到肆无忌惮的破坏，人类的生存面临着极大的危险。我国的生态环境恶化的情况也同样不容乐观，我们越来越感受到生态文明建设的重要性和紧迫性。

我们要在社会主义现代化建设进程中，将精神文明和优秀传统伦理道德有机地结合起来，普及推广生态伦理观念。我国是一个统一的多民族国家，各民族的团结与和谐发展是国家安定团结、长治久安的基础。面对新时期、新形势的挑战，全国各族人民要团结一心，共同构建和谐社会，早日实现中华民族的伟大复兴。

参考书目

一　文献

阿底峡：《弟子问道录》（仲顿巴本生传）（藏文版），青海民族出版社 1994 年版。

阿图：《格萨尔王传·汉岭传奇》（藏文版），中国民间文艺出版社 1982 年版。

巴俄·祖拉陈瓦：《智者喜宴》（藏文版），民族出版社 1986 年版。

察巴·贡嘎多吉：《红史》（藏文版），民族出版社 1981 年版。

达仓·宗巴班觉桑布：《汉藏史集》（藏文版），四川民族出版社 1985 年版。

大司徒·降曲坚赞：《朗氏家族》（藏文版），西藏人民出版社 1986 年版。

东孔整理：《祝古兵器宗》（藏文版），甘肃民族出版社 1987 年版。

根敦群培著，法尊译：《白史》，西北民族学院研究所 1981 年版。

黄文焕译：《赛马称王》，西藏人民出版社 1988 年版。

《霍岭大战》（汉译本）（上册），青海人民出版社 1984 年版。

觉沃阿底峡发掘：《柱间史》（藏文版），甘肃民族出版社 1989 年版。

李朝群著，顿珠译：《格萨尔王传：察瓦箭宗》，西藏人民出版社 1987 年版。

《岭·格萨尔〈霍岭战争之部〉》（上册），青海民族出版社 1980 年版。

《门岭之战》，甲措顿珠译，西藏人民出版社 1984 年版。

毛尔盖·桑木丹：《俱舍摄义释文》，民族出版社 1996 年版。

南卡洛布：《藏族远古史》（藏文版），四川民族出版社 1990 年版。

恰日·嘎藏陀美编：《藏传佛教僧侣与寺院文化》（藏文版），甘肃民族出版社 2001 年版。

恰日·嘎藏陀美整理：《贡唐丹贝仲美大师文集选编》，甘肃民族出版社 2001 年版。

青海省民间文学研究会搜集翻译：《丹玛青稞之部》（油印本）。

青海省民间文学研究会搜集翻译：《征服大食》，青海民族出版社 1979 年版。

青海省民间艺术研究会整理：《格萨尔王传·霍岭大战》，青海民族出版社 1962 年版。

热·益西森格著，多识·洛桑图丹琼排译：《大威德之光——密宗大师热罗多杰扎奇异一生》，甘肃民族出版社 1999 年版。

萨迦·索南坚赞：《西藏王统记》（藏文版），民族出版社 1988 年版。

《赛马篇》，青海省民间文艺研究会收集、青海民族出版社整理：《赛马称王》（藏文版），青海民族出版社 1981 年版。

《天界篇》，四川民族出版社 1980 年版。

王兴先主编：《丹玛篇》，《格萨尔文库》（藏文版）（第一卷），甘肃民族出版社 1996 年版。

王兴先主编：《诞生篇》，《格萨尔文库》（藏文版）（第一卷），甘肃民族出版社 2000 年版。

王兴先主编：《公祭篇》，《格萨尔文库》（藏文版）（第一卷），甘肃民族出版社 2000 年版。

王兴先主编：《降霍篇》，《格萨尔文库》（藏文版）（第一卷），甘肃民族出版社 2000 年版。

王兴先主编：《取宝篇》，《格萨尔文库》（藏文版）（第一卷），甘肃民族出版社 2000 年版。

王兴先主编：《赛马篇》，《格萨尔文库》（藏文版）（第一卷），甘肃民族出版社 2000 年版。

王兴先主编：《天界篇》,《格萨尔文库》（藏文版）（第一卷）, 甘肃
  民族出版社 2000 年版。

王尧、陈践：《敦煌古藏文文献探索集》, 上海古籍出版社 2008
  年版。

王尧：《蕃金石录》, 文物出版社 1982 年版。

王沂暖编, 华甲译：《格萨尔王传》（贵德分章本）, 甘肃人民出版社
  1981 年版。

王沂暖、王兴先译：《松岭大战之部》, 敦煌文艺出版社 1991 年版。

吴均著, 金迈译：《霍岭大战》（汉译本）上册, 青海人民出版社
  1984 年版。

彦顿唐丁·次旺多杰整理：《木古骡宗之部》（藏文版）, 西藏人民出
  版社 1982 年版。

扎西加措、土却多杰：《果洛宗谱》（藏文版）, 青海民族出版社 1992
  年版。

智贡巴·贡却乎丹巴绕布杰：《安多政教史》（藏文版）, 甘肃民族出
  版社 1982 年版。

二 著作

才让：《藏传佛教民俗与信仰》, 民族出版社 1999 年版。

丹曲：《藏族史诗〈格萨尔〉论稿》, 中国社会科学出版社 2016
  年版。

丹曲：《〈格萨尔〉所反映的山水寄魂山观念与古代藏族的自然观》,
  中国社会科学出版社 2014 年版。

邓艾：《青藏高原草原牧区生态经济研究》, 民族出版社 2005 年版。

尕藏加：《文化时空与信仰人生》, 西藏人民出版社 2014 年版。

格勒：《论藏族文化的起源形成与周围民族的关系》, 中山大学出版
  社 1988 年版。

果洛藏族自治州地方志编纂委员会编：《果洛藏族自治州志》（上、下册），民族出版社 2001 年版。

果洛藏族自治州民间文学集成办公室编：《果洛民间故事选》。

何峰：《藏族生态文化》，中国藏学出版社 2006 年版。

何峰：《〈格萨尔〉与藏族部落》，青海民族出版社 1995 年版。

何星亮：《中国图腾文化》，中国社会科学出版社 1992 年版。

贺金瑞、熊坤新、苏日娜：《民族伦理学通论》，中央民族大学出版社 2007 年版。

胡兆量等编：《中国文化地理概述》，北京大学出版社 2001 年版。

降边嘉措：《〈格萨尔〉初探》，青海人民出版社 1986 年版。

降边嘉措：《格萨尔论》，内蒙古大学出版社 1999 年版。

雷毅：《生态伦理学》，山西人民教育出版社 2000 年版。

林振耀、吴祥定编：《青藏高原气候纵横谈》，科学出版社 1987 年版。

刘俊哲等：《藏族道德》，民族出版社 2003 年版。

刘湘溶：《生态文明论》，湖南教育出版社 1999 年版。

鲁枢元：《生态文艺学》，陕西人民教育出版社 2000 年版。

洛桑·灵智多杰主编：《藏族传统文化与青藏高原环境保护和发展》，中国藏学出版社 2008 年版。

洛桑·灵智多杰主编：《甘南生态经济示范区研究》，中国藏学出版社 2005 年版。

洛桑·灵智多杰主编：《青藏高原的冰川与生态环境》，中国藏学出版社 1999 年版。

洛桑·灵智多杰主编：《青藏高原的草业发展与生态环境》，中国藏学出版社 2000 年版。

洛桑·灵智多杰主编：《青藏高原的交通与发展》，中国藏学出版社 1999 年版。

洛桑·灵智多杰主编：《青藏高原的水资源》，中国藏学出版社 2003 年版。

洛桑·灵智多杰主编：《青藏高原环境与发展概论》，中国藏学出版社1996年版。

洛桑·灵智多杰主编：《青藏高原人口与环境承载力》，中国藏学出版社1998年版。

洛桑·灵智多杰主编：《青藏高原沙漠化问题与可持续发展》，中国藏学出版社2001年版。

洛桑·灵智多杰主编：《青藏高原生态旅游可持续发展模式研究》，中国藏学出版社2007年版。

苗滋庶等编：《拉卜楞寺概况》，甘肃民族出版社1987年版。

南文渊：《高原藏族生态文化》，甘肃民族出版社2002年版。

仁钦多杰、祁继先编：《雪山圣地卡瓦格博》，云南人民出版社1999年版。

尚永亮、张强：《人与自然的对话》，安徽教育出版社2001年版。

《生态文明研究》（第一期），山东人民出版社2010年版。

苏雪芹：《青藏地区生态文化建设研究》，中国社会科学出版社2014年版。

索南才让：《神圣与世俗——宗教文化与藏族社会》，西藏人民出版社2014年版。

佟锦华：《藏族民间文学》，西藏人民出版社1991年版。

佟锦华主编：《藏族文学史》，四川民族出版社1985年版。

王明珂：《羌在汉藏之间》，中华书局2008年版。

徐华鑫编：《西藏自治区地理》，西藏人民出版社1986年版。

杨恩洪：《民间诗神——格萨尔艺人研究》，中国藏学出版社1995年版。

叶平：《生态伦理学》，东北林业大学出版社1994年版。

余谋昌：《生态伦理学》，首都师范大学出版社1999年版。

余仕麟等：《儒家伦理思想与藏族传统社会》，民族出版社2007年版。

扎西东珠、王兴先：《〈格萨尔〉学史稿》，甘肃民族出版社2002年版。

詹鄞鑫：《神灵与祭祀——中国传统宗教综论》，江苏古籍出版社

1992 年版。

张江华等：《雅鲁藏布江大峡谷生态环境与民族文化考察日记》，中
国藏学出版社 2007 年版。

钟敬文：《民间文学论集》，上海文艺出版社 1982 年版。

周伟林、郝前进等编：《城市社会问题经济学》，复旦大学出版社
2009 年版。

周锡银、望潮：《藏族原始宗教》，四川人民出版社 1999 年版。

三　论文

才旺贡布、梁艳：《青藏高原生态安全问题的再认识》，《西藏研究》
2012 年第 1 期。

陈邦彦：《"祭海"沿源和一九四〇年的祭海情况》，《青海文史资料》
（第 6—9 辑合订本）第 8 辑，青海省政协文史资料研究委员会
1981 年版。

陈树珍：《谈藏族、纳西族水、木文化中的生态意识》，中国社会科
学院民族文学研究所和云南省迪庆藏族自治州于 2001 年 10 月召开
的《格萨尔·姜岭之战》与藏、纳西文化关系暨第四次《格萨尔》
精选本编纂工作学术研讨会的交流论文。

陈兴良：《刑法的价值构造》，《法学研究》1995 年第 6 期。

丹曲：《藏民族山湖崇拜习俗与格萨尔说唱艺人探析》，《安多研究》
2006 年第 2 辑。

丹曲：《藏区生态安全调研报告——以甘南藏区为例》，《青藏高原论
坛》2015 年第 3 期。

丹曲：《藏区生态保护调研报告——以甘南藏区为例》，《中国民族
学》2015 年第 16 辑。

丹曲：《藏族诗史〈格萨尔〉中的宇宙观念》，《中国民族学》2013
年第 1 期。

丹曲：《甘南藏族自治州特色旅游业发展调查报告》，《民族研究论

丛》，兰州大学出版社 2007 年版。

丹曲：《〈格萨尔〉中的生态意蕴》，《西藏研究》2007 年第 1 期。

丹曲：《果洛地区藏族对阿尼玛沁山神崇拜及其信仰的习俗》，《安多研究》2007 年第 4 辑。

丹曲：《凝固在黄河源头的历史——藏民族灵魂观念的现代遗存》，《中国〈格萨尔〉》2001 年第 1 期。

丹曲：《人神狂欢的大舞台——热贡六月会纪实》，《中国民族》2011 年第 7 辑。

丹曲：《试论灵魂寄存观念在藏族史诗创作中的作用》，《中国藏学》2005 年第 2 期。

丹曲：《试述阿尼玛沁山神的形象及其宗教万神殿中的归属》，《安多研究》2005 年第 2 辑。

甘肃省人民政府办公厅：《甘肃建设"全国生态建设、保护与补偿实验区"综合研究报告编写提纲》（甘政办发〔2016〕131 号），2016 年 8 月 22 日。

格日勒扎布：《论蒙古〈格斯尔〉的"天"——腾格里》，《格萨尔学集成》（第五卷），甘肃民族出版社 1998 年版。

郭永海：《〈格萨尔〉史诗哲学思想浅析》，《格萨尔学集成》（第四卷），甘肃民族出版社 1994 年版。

韩官却加：《简述青海之祭海与会盟》，青海民族研究所编《青海民族研究》1985 年第 2 辑。

何天慧：《〈格萨尔〉与藏族神话》，《格萨尔学集成》（第五卷），甘肃民族出版社 1998 年版。

何天慧：《〈格萨尔〉中的三界及三界神灵信仰》，《青海民族研究》1994 年第 4 期。

何天慧：《〈格萨尔〉中的原始文化特征》，《格萨尔学集成》（第五卷），甘肃民族出版社 1998 年版。

降边嘉措：《藏族传统文化与青藏高原的生态环境保护》，1997 年海峡两岸江河源地区发展问题学术讨论会论文。

降边嘉措：《浅谈〈格萨尔〉与三江源的生态环境保护》，《安多研究》2005 年第 1 辑。

景旭东：《加强环境保护 建设生态文明 着力构筑国家生态安全屏障》，《甘南发展》2015 年第 1 期。

李迪华：《"美丽中国"的抵达》，《瞭望》2012 年第 47 期。

李美玲：《试述〈土族格萨尔〉中的腾格里》，《格萨尔学集成》（第五卷），甘肃民族出版社 1998 年版。

李世丽、陈东：《青藏高原东缘生态对长江流域水灾的防控研究》，《青藏高原论坛》2014 年第 3 期。

李顺天：《苯教在甘南藏区的传播与发展》，《西北民族研究》1998 年第 1 期。

李秀英：《人间何处访河源，玛曲河边祭圣水——黄河源头的政治、生态想象和纷争》，中央民族大学硕士学位论文，2008 年。

林继富：《神湖与生育信仰》，《西藏民俗》1994 年第 4 期。

刘立千：《从〈格萨尔史诗〉看古代青藏高原上部落社会》，《格萨尔学集成》（第四卷），甘肃民族出版社 1999 年版。

吕志祥、刘嘉尧：《高原藏区生态法治基本原则新探——基于藏族传统生态文明的视角》，《西藏民族学院学报》2010 年第 2 期。

马长山：《公民意识：中国法治进程的内驱力》，《法学研究》1996 年第 6 期。

马宁：《苯教在甘南藏区南部的流传情况调查》，《西藏研究》2012 年第 4 期。

闵文义：《苯教及其自然崇拜在甘南白龙江流域的遗存》，《西北民族学院学报》1996 年第 4 期。

祁进玉：《三江源自然保护区的生态移民异地安置模式及其影响初探》，《青藏高原论坛》2014 年第 3 期。

孙琳、保罗：《〈格萨尔〉中的三元象征观念解析》，《格萨尔学集成》（第五卷），甘肃民族出版社 1998 年版。

索南卓玛：《从〈格萨尔〉看藏民族的生态观》，《西藏研究》2005

年第 2 期。

汤惠生：《神话中之昆仑山考述——昆仑山神话与萨满教宇宙观》，《中国社会科学》1996 年第 5 期。

唐福元：《坚持和谐司法促进和谐社会》，《衡阳通讯》2009 年第 4 期。

王乐宇：《民族地区生态环境保护的法制建设研究》，《甘肃民族研究》2011 年第 2 期。

王兴先：《华日地区一个藏族部落的民族学调查报告——山神和山神崇拜》，《西藏研究》1996 年第 1 期。

王尧、陈践践：《吐蕃的鸟卜研究——P. T. 1045 译解》，《敦煌吐蕃文书论文集》，四川民族出版社 1988 年版。

邢海宁：《果洛地区藏族部落组织及其演变》，《西北民族研究》1992 年第 1 期。

杨恩洪：《果洛的神山与〈格萨尔王传〉》，《中国藏学》1998 年第 2 期。

杨恩洪：《史诗与民间文化传统——果洛地区〈格萨尔王传〉的实地考察》，《民族文学研究》1997 年第 2 期。

杨红伟、张科：《甘青川边藏族传统部落非正式社会控制刍议》，《青海民族研究》2016 年第 3 期。

杨伟良、李映惠：《西部大开发与甘肃民族地区生态环境建设问题研究》，《甘肃民族研究》2000 年第 3 期。

扎洛：《三江源地区生态移民的经济社会风险分析》，《青藏高原论坛》2014 年第 3 期。

张民德：《试论西藏地区的旧石器时代考古》，《西藏民院学报》1992 年第 1 期。

张晓明：《〈格萨尔〉的宗教渗透和其形象思想上的深刻矛盾》，《西藏研究》1989 年第 3 期。

赵珍：《清代黄河上游城镇空间距离特征》，《青海民族研究》2016 年第 3 期。

尊胜:《格萨尔史诗的源头及其历史内涵》,《西藏研究》2001 年第
　1 期。

四　外国文献

《马克思恩格斯全集》(第四十二卷),人民出版社 1995 年版。

《马克思恩格斯选集》(第三卷),人民出版社 1995 年版。

恩格斯:《反杜林论》,《马克思恩格斯选集》(第三卷),人民出版社
　1972 年版。

A. 戈尔:《濒临失衡的地球》,中央编译出版社 1997 年版。

E. 奥德赛:《生态学基础》,人民教育出版社 1981 年版。

H. 罗尔斯顿:《环境伦理学的类型》,《哲学译丛》1999 年第 4 期。

P. 辛格:《动物解放》,光明日报出版社 1999 年版。

R. 卡逊:《寂静的春天》,吉林人民出版社 1997 年版。

W. 弗克纳:《伦理学》,生活·读书·新知三联书店 1987 年版。

Amarstrong, Susan J. & Botzler, Richard G. ed, *Environmental Ethics*:
　Diver gence and Convergence, New York; McGraw-Hill, 1993.

Barney G. , *Global* 2000 *Report to the President of the United States*, Wash-
　ington D C: US Government Printing Office, 1980 – 1981.

Common, M. S. and Norton, T. W. , Biodiversity, Natural Resource Ac-
　counting and Ecological Monitoring, *Environmental and Resource Eco-
　nomics*, 1994 (4) .

Costauza R. , The value of the world's ecosystem services and natural cap-
　ital, *Naturae*, 1997.

Kremen C. , Niles J. O. , Daily G. C. , et al. , Economic incentives for
　rain forest conservation across scales, *Science*, 2000.

McNeely, A. Jeffrey, *Economics and Biological Diversity*: *Developing and
　Using Economic Incentives to Conserve Biological Resources*, IUCN,
　1998.

Mitchell A. and Wood. , Toward a Theory of Stakeholder Identification and Salience：Defining the Principle of Who and What Really Counts, *The Academy of Management Review*, Vol. 22, 1997.

OECD, *The Economic Appraisal of Enviromental Protects and Policies*：*A Practical Guide*, Paris：OECD, 1995.

R. A. Stein, *Tibetan Civilization*, California, 1972：203 – 204.

Tyrvainen, L. Property Prices and Urban Forest Amenities, *Journal of environmental economics and management*, 2000.

Wackernagel M. et al. National natural capital accounting with the ecological footprint concept, *ecological economics*, 1999.

［奥地利］勒纳·德·内贝斯基·沃杰科维茨著，谢继胜译：《西藏的神灵和鬼怪》，西藏人民出版社 1993 年版。

［奥］海德戈德著，德康·索朗曲杰译：《山神、祖先的姓氏及其神圣的武器》，《西藏研究》2003 年第 1 期。

［法］石泰安著，耿昇译，陈庆英校订：《西藏史诗与说唱艺人的研究》，西藏人民出版社 1993 年版。

［法］石泰安著，耿昇译：《川甘青藏走廊的古部族》，四川民族出版社 1992 年版。

［美］洛克（J. F. Rock）：《阿尼玛沁山及其邻近地区的专题研究》，《罗马东方丛书》1956 年第 12 辑。

［意］南卡诺布著，索朗希译：《川康牧区行》，四川民族出版社 1988 年版。

［英］R. J. 约翰斯顿主编：《人文地理学辞典》，商务印书馆 2004 年版。

［英］桑木旦·G. 噶尔梅：《概述苯教的历史及教义》，《国外藏学译文集》（第十一集），西藏人民出版社 1994 年版。

后 记

　　"藏区生态文明建设中的古代生态伦理问题研究"是笔者在2014年申报的一项国家社会科学基金项目西部项目。这项课题属于哲学的范畴，涉及了藏族同胞的生态伦理观念、藏区的生态文明建设等前沿学科问题。同时也涉猎了哲学、民族学、社会学、文化人类学、宗教学以及民俗学等交叉学科的研究。全面展开对本课题的研究，难度是可想而知的。笔者数年来潜心从事此项课题的调查与研究。首先，笔者多次前往西藏、青海、四川、甘肃等藏区进行田野考察，通过实地考察，获取了第一手考察资料；其次，笔者通过对藏文文献的发掘、梳理和研究，获取了佐证的文献资料；另外，笔者还阅读和参考了前贤的研究成果，可以说这项研究课题的完成还是得益于多年来的知识积累。拙著《〈格萨尔〉中的山水寄魂观念与古代藏族的自然观》和《藏族史诗〈格萨尔〉论稿》两部专著的出版，可以说是对"藏区生态文明建设中的古代生态伦理问题研究"课题的研究作了充分的学术准备和铺垫。

　　众所周知，在藏族同胞的传统文化习俗中，贯穿了自然崇拜、万物有灵、灵魂寄存、祖先崇拜、英雄崇拜的宗教观念，这些观念中暗含了藏族同胞的生态伦理观念；随着佛教传入青藏高原，藏传佛教也应运而生，佛教强调众生平等，劝导人们"爱物厚生"、慈悲为怀，这是"天人合一"世界观的一种反映；这种"慈悲为怀"和"不杀生"理念的倡导和践行，建构了生命体系的框架，实际上已经拓展、升华和丰富了藏族同胞的生态伦理体系的理论基础。虽然目前学术界也有人对此做过一些研究，但从整体上看，对此问题还缺乏足够的理论升华，从而也就给笔者留下了对此课题进行深度思考的空间。藏传佛教文化是藏族文化的重要组成部分，藏族同胞的生态伦理观念在很大程度上融入了传统宗教的内容，藏族同胞的生态伦理观念不仅是藏族文化的一个重要组成部分，也是古代藏族哲学思想的光辉结晶。

　　本书在出版过程中，责任编辑郭鹏先生花费了不少心血，几经努力才得以出版。本书得到了各方同仁无私的帮助，在此一并表示诚挚的谢意！

丹　曲

谨记于西藏民族大学

2018 年 12 月 28 日